生息地復元のための
野生動物学

WILDLIFE RESTORATION

M. L. モリソン 著

梶　光一
神崎伸夫　監修

江成広斗
須田知樹　監訳

朝倉書店

Wildlife Restoration

TECHNIQUES FOR HABITAT ANALYSIS AND ANIMAL MONITORING

Michael L. Morrison

Foreword by
Paul R. Krausman

WILDLIFE RESTORATION by Michael L. Morrison.
Copyright © 2002 Michael L. Morrison.
All rights reserved.
Published by arrangement with Island Press

Japanese translation rights arranged with Island Press in Washington D.C. through The Asano Agency, Inc. in Tokyo.

邦訳版刊行に際して

　本書は「生息地復元のための野生動物学（原題：*Wildlife Restoration*）」と題された専門書である．原文は Michael L. Morrison というこの分野の泰斗によって執筆された，生態復元の科学と実践シリーズの第1作となる専門書である．

　多くの生態復元の研究者がしのぎを削る米国で，このような優れた著書が生み出された背景には，野生生物に対する人間活動の圧力が高まり，生物多様性の喪失とリンクした生息地の破壊が深刻な問題となっていることがある．開発が私たちを豊かにし，それは周囲の生態系に対してわずかな影響しかないと単純に無視できた時代は過ぎ，自らをコントロールしなければならないほど人間活動は生態系に深刻な影響を与えていることが明白になってきた．もちろんこのような状況は日本でも例外ではなく，国土面積が狭く，人間活動と野生生物の生息地が近接するだけ，より深刻である．

　さらに最近では，生息地の喪失は「開発の圧力」が原因だと明快に指摘できない，累積的な負荷も問題にしなければならなくなっている．例えばレクリエーションや観光など，個人の楽しみの活動は個々のインパクトは小さくても，相乗的に大きくなり，生態系に影響する．このように，特定の開発行為だけが生態復元を必要とするのではなく，社会におけるさまざまの行為が野生生物の生息地を脅かすに至っている．そのため，今や野生生物の保護のための生息地復元は，多くの人がかかわる社会的にも重要なテーマとなった．

　野生生物保護管理にかかわる研究者たちは，こうした問題にもちろん早くから取り組み，生態系の「危機」を克服することに使命感を持ち，研究に励んできた．その成果は，本書の若き訳者らが参加する野生生物保護学会はじめ，国内の学会で発表される優れた論文からも十分にうかがい知ることができる．

　しかし，生息地を保護区にすれば問題は解決するという「純朴な」対策や，失われた生息地を単に元に戻せばいいという対症療法ではもはや実効性はなく，かえって現場の混乱を引き起こしかねない．せっかく進めた生息地復元であっても，実験では効果的だったが，社会とかかわる実際の生態復元の現場ではそれが無惨な結果になることは，現場をよく知る研究者に説明はいるまい．その理論と実践の違いを「端倪すべからざる結果」としてため息をつくだけの研究者に任せておいては，生息地の復元はいつまでたってもおぼつかない．

　そこで考えなければならないのは，生息地復元と人や社会システムとのかかわりの重要性である．また本書の「はじめに」でも「個人の技能だけに頼った事業の失敗」と明快に指摘されているが，研究者が「個人戦」でもがくより，解決を優先するならば「団体戦」が望ましい．だからこそ，個々の技術の積み上げではない，技術と社会との関係や，かかわる人々の協働ま

でを視野に入れた本当の実践が求められている．

その点では本書は野生生物の生息地復元に関する優れたテキストでありながら，またこのテーマについての哲学を説く啓蒙書でもありうる．もちろんその内容は生息地復元の生態学的な理論や技術が中心であり，研究者の興味は十分満たすと思われる．しかしそれ以上に，生態復元にかかわる行政やコンサルタント，NPO関係者が本書を手にすることで，生息地復元に冷静にかつ統計学的にアプローチすることと，慎重な実験計画を組むことがともに重要であると十分理解できる．

国内の自然再生事業の現場では，理論と実験だけで構成される研究室的な閉じた解決から，多様な関係者による「ダイナミックな問題解決」に関心が移っている．だからといって，社会と人の関係だけに拘泥し，生態学の重要性を無視してはなるまい．そこに本書の価値があると思われる．社会や人と野生生物のかかわりに関する知識やその重視と，本書が説く生息地復元の生態学的な理論や技術についての知識は何の矛盾もなく共存できる，ともに実践の現場で必要な知識である．

さらに日本語版の書名「生息地復元のための野生動物学」に訳者たちが込めた思いは，生息地の復元は野生生物にとって重要な課題であり，そこに今までの生態学にはない，新たな生態学の姿を見出せる．それは，生物どうしの関係を科学的に明らかにすることだといわれた従来の生態学の範疇を越えて，新たな生態学を描くに十分だと思われる．

最後に，筆者が代表する野生生物保護学会の会員がこのような素晴らしい仕事に携わっていることを会員を代表して誇りに思うとともに，この本の読者となれたことに感謝したい．

しかし，本書が若き野生生物研究者による優れた仕事としてこれから歴史に残るかどうかは，本書を熟読し，その哲学を生かした実践を読者ができるかにかかっている．生息地復元の現場で，本書を携えた実践家に出会える日を心待ちにしたい．

野生生物保護学会会長　敷田麻実（北海道大学観光学高等研究センター）

序　文

　生態復元学会（The Society for Ecological Restoration）とアイランドプレスによって企画された生態復元の科学と実践シリーズが，野生動物の生息地復元に関する本から始まるのは的を射たものであろう．生態復元学会の使命とは，復元事業者間の対話を進めること，関連分野の研究を活性化すること，そして自然復元事業や自然復元を目指した野生生物管理への国民の支持を高めることによって，生態復元という成長しつつある学問領域に貢献することである．この国際学会のメンバーは，生態学的な側面から注意が必要とされる35カ国以上の生態系の修復や管理に積極的に携わっている．この世界規模の取り組みを成功させるためには，復元事業者が生態学の基礎知識，そして生物とそれを取り巻く環境の相互関係に関する科学に十分に精通している必要がある．

　世界各地の野生動物の生息地は，斧や鋤，家畜，火，そして銃器によって激しく改変され続けてきた．しかし，皮肉にも，生物学者アルド・レオポルドが70年前に目にしたこれらの道具は，今では改変された生息地の復元に用いることができる．自然復元を実際に成功させるためには，我々の目的は明確でなくてはならない．そして，その手法は適切かつ現実的であり，望ましい結果を導くことができなければならない．野生動物の個体群やその生息地の現状や動態を評価するための測定技術は，自然復元事業がもたらした結果と，実際に施した管理の手法との因果関係を検証するために特に重要である．この本は，そうした測定技術の概略を紹介する．そして，野生動物の生息地を維持管理し，その質的・量的側面の改善に必要な概念上の問題と実践上の課題を十分に理解してもらうことを意図している．これは，科学として，そして実践としての野生動物の復元にとって重要である．なぜならそれは，モリソンが序論で記しているように，「大半の自然復元事業が，在来の野生動物種の生息状況を改善することに直接的・間接的に関わっている」からである．つまり，野生動物の個体群は常に自然復元事業の対象になるとは限らないが，結果的に多くの事業が動物個体群に対して少なからず影響を及ぼしているのである．

　世界各地の野生動物管理は，狩猟に関する法律の制定，捕食者の駆除，保護・禁猟区の設定，動物の人為的導入，生息環境の管理といったテーマに沿って，段階的に発展してきた．北米では，野生動物管理の段階的な発展は，過去2世紀にわたってみられ，その成果は様々な管理事業の中で現在も生かされている．野生動物管理における今日の最大の関心事は，生息地の復元と管理である．これはこの分野における第6の発展段階に当たるのかもしれない．生態復元学会は，動植物群集およびそれらの生息地の復元に関する取り組みを強く後押しすることを目的に発展してきた．

　生息地管理も含む野生動物管理学の発展に伴って，世界の生物多様性の起源を理解すること，そしてそれらを保全することの双方に注目が集まってきている．こうした傾向は，次のような理由から重要である．第一に，増加し続ける世界の人口は，野生動物の生息地を劣化させ続けるため，結果的

に自然復元の必要性が導き出されるからである．第二に，生態学が生物多様性の分布状況とその起源に関する理解を急速に進歩させることによって，環境劣化が軽減されるとともに，人間が利用できる新たな資源や自然の恩恵が明らかになるからである．第三に，生息地破壊が野生動物の絶滅確率を加速的に増加させている現況が明らかになり，その結果として，生息地の機能回復に向けた積極的な取り組みの必要性が理解できるからである．

これらの3つの要因だけでも，人間社会の利益だけでなく生物多様性を高め維持することを目的として，野生動物の生息地復元が重要であることが理解できるはずである．健全に機能する生態系がなければ，人類をはじめ，全ての種の「生活の質」は損害を被る．しかし，地球上の5百万から3千万種と推定される種のうち，科学者が記録している種はたかだか2百万種にも満たない．群集や生態系といったより上位の生物学的な階層は，未だに僅かにしかその特性が解明されていない．

世界の多くの地域における種の絶滅危惧の主因は，人類の影響である．すなわち，資源の搾取，生息地破壊，外来種の拡大，都市化，農業，野外レクリエーション，持続不可能な過放牧などである．地球の生物多様性を維持し，その衰退を最小限に止めるためには，土地管理者や復元事業者は，人間のための利用から，生物多様性の管理・保全・復元へと彼らの理念を転換する必要がある．生物多様性が最も重要な管理目標になれば，森林や牧野はこれまでのような管理は行われなくなる．そして，土地管理や水資源管理は，野生動物の生息地管理戦略との密接な調和が図られるようになる．すなわち，生物多様性の向上が第一に位置付けられ，木材生産，家畜，レクリエーション機会の維持は副次的な目的になるのである．

野生動物の生息地復元や生物多様性保全を第一の目標に据えた新たな社会のパラダイムに応じるには，新しい視点が必要である．例えば，以下のようなものである．

● 累積効果

土地管理者と復元事業者は，自らが関わる復元事業だけでなく，その地域の個体群や資源を対象とした個々の復元事業の累積的な影響を評価する必要があるだろう．これは政策上の観点からその必要性が導かれるのではなく，自然史や正しい生態学的知見に基づいて，生態系の健全性を強化するために不可欠なのである．単一種よりも複数種を対象とした管理が望ましい．管理計画は個別の対象地域内の多様性だけでなく，各々の生息地の多様性を包括的に促進させることを目的に策定されるべきである．

● 生態学的な変動

単一種の個体群を扱う場合でも，広い視点が必要である．適切な生息地環境を持つ十分な空間とは，ある個体の生活史に関わるすべての側面（例えば，メタ個体群動態，季節的利用や移動，持続可能な生息地パッチのサイズ，最小生存可能個体数，生存に必要とされる全遷移段階）を考慮して配置されなくてはならない．

● 生態学と事業計画の統合

土地管理者と復元事業者の下には，あらゆる情報が集約されていなければならない．その上で，計画上の問題を予測し，その問題を解決するための術を学習していかなければならない．問題の予測と解決のためには，限られた一連の正確なデータだけでなく，個々の対象地域と対象個体群の現状，そして地域生態系の動態を把握するための幅広い情報が必要となる．モリソンが本書の中で強調しているように，将来予測と継続的なモニタリングの重要性が，ここで理解できるだろう．なぜなら，将来予測とモニタリングによって，「ある

行為の結果」から「将来の意思決定」に繋がる重要なフィードバックがもたらされるからである.

これらの原則は，生態復元という新たな分野の枠組みに組み込まれている．増大する人間活動が地球上の多くの景観を荒廃させた．しかし，皮肉にも，その景観を復元させる上でまたもや人間活動が大きく関わっている．人間社会は多くの矛盾を孕んでいるが，我々はすべての野生動物の生息地を保全し復元するための方法，そして健全な機能を持つ生態系を持続させるための方法を求めつづけている．自然復元は複雑なプロセスであるため，野生動物管理学はその発展に必要とされる基礎となる．野生動物を扱う生態学は自然復元のために重要であり，復元生態学を学ぶ学生は，前述した健全な個体群，群集そして生態系の機能を基礎とする基本原理に精通していなければならない．モリソンが記したこのテキストは，野生動物とそれらが依存する生息地の復元を解説したすばらしい入門書であり，復元生態学と今後の野生動物管理学をリンクさせる強い架け橋となるだろう.

ポール・R・クラウスマン
アリゾナ大学

シリーズの紹介

この本は，生態復元学会とアイランドプレスが共同製作した新シリーズ「生態復元の科学と実践」の皮切りとなる．このシリーズのタイトルが示しているように，我々の目的は自然復元における科学と実践の統合と，その発展に寄与する新たな国際フォーラムを創出することである．本書はこのシリーズの初巻にあたるため，この計画の展望を紹介し，自然復元分野の発展にどのように寄与できるのか説明するよい機会である.

自然復元はすでに生態系の保全・管理に関連した重要な分野となっている．本来，自然復元は，単に環境が破壊された地域に限って行われてきたが，今や世界中の国立公園や保護区において不可欠なものとなっている．さらに，地域社会に根ざした事業から，地球規模の持続可能性に関わる国際的事業に至るあらゆるレベルで自然復元が適用されている．そして，自然復元は今後数十年にわたって，手段あるいは科学としてその重要性を増し続けるであろう．我々は，3つの基本的な理由から，自然復元が21世紀の優勢なパラダイムになるものと信じている.

第一の理由は，世界中の種・群集・生態系が人間の手によって加速的に衰退し続けているという不幸な現実である．この悲劇が起こる主要因は，今やよく知られていることである．それは，地球上の人口は恐らく抑制不可能なまでに過剰に増加し，開発される技術はいずれも破壊的で，これまで不可能と考えられていた遠隔地の資源搾取が可能になったことである．そして，人類の資源利用は驚異的かつ先例のないほど不公平が生じていることも，この悲劇の背景にある．毎年1,500万人が餓死し，世界の50％の人々が貧困と飢餓の瀬

戸際で生活している一方で，先進国で生活する恵まれた10億ほどの人々は，残りの50億の人々には想像できないほど裕福で贅沢な生活を楽しんでいるのである．こうした社会的な背景が，大量の表土流失，地球規模の気候変動，過去6億年間に起こった5回の自然の大量絶滅に近づきつつある種の絶滅割合，終焉段階にある土着文化の喪失（つまり，文化の多様性の喪失）といった生態学的な悲劇も同様に生み出してきたという事実は論を俟たないだろう．これら全てが，この21世紀という時代に集中している．こうした状況下において，良心的な人々が，できる限りの自然復元に取り組み，押し寄せる生物絶滅の波をくい止め，遅々として進まない自然復元のコストを将来世代のために少しでも減らそうとしていることは，少しも驚くべきことではない．

人々が自然復元に目を向ける第二の理由は，「復元」という行為が人間とそれを取り巻く世界との相互関係にプラスの効果をもたらすからである．これまでの自然保護は，人間をしばしば「自然界」という枠組みから除外してきた．つまり，生態系の中に人間の存在を認めなかった（この哲学は，「自然から立ち去れ．しかし，自然を保護するための費用は支払え"Stay away but send money"」として繰り返されてきた）．この哲学は，他の種と地球を分け合うという考え方を受け容れた人々を魅了することはできた．しかし，一方で，一般大衆が持つ経済的・レクリエーション的な興味には無頓着な自然保護のエリートに対する批判を招いてきた．しかしながら，自然はそれ自身が内在する価値を持つことを幼稚園の頃から教わってきた．また，その考え方が多くの有権者・納税者・選出された高官から支持されることによって，（言葉だけで必ずしも行動を伴わないかもしれないが）近年では自然保護が主流の倫理となり，そして社会経済の政策にも内在されつつある．自然復元では，人間を回復者として自然の枠組みの中に位置付けることによって，自然保護よりも推進力をさらに増している．回復者達は，踏み荒らされた道を修復し，都市の小川に目を向け，牧草地の火入れを行い，不要な古びた道路を健全な生息地へ転換させ，破壊された湿地を復元させ，壊された森林に植林を施し，失われた在来種ですら再導入させている．このような活動は，豊かな国の市民にのみ見られる現象というわけではない．コスタリカ北西部のグアナカステ地方において，生物学者ダン・ジャンセンは，地域住民が自分たちの将来が危険にさらされていると気付くと，自然復元に従事するようになることを示す先駆的な研究を行った．このように，自然復元は，我々人間が単なる破壊者や近視眼的な搾取者ではなく，回復者としての役割を担う機会を与えてくれる．この過程において，自然復元に関わる哲学者ウィリアム・ジョーダンが記したように，自然を分け隔てなく復元する（することができる）のはまさに我々人間なのである．

人々が自然復元を志すようになる第三の理由は単純である．つまり，それは意味があるからである．もちろん，誰も消滅した種を元に戻すことはできないし，現在残っている大規模な生態系の代わりは存在しない．それどころか，実際には，回復者ばかりの社会を見つけることができないのと同様に，原生的な土地の保全活動に対する熱烈な支持者を見つけられないかもしれない．しかし，自然復元は自然保護を凌ぐものである．もし我々が自然復元という任務に真剣に取り組んでいけば，自然復元はこれからの数十年間に非常に大きな役割を担うであろう．

治療法を知っているからといって，害を与えてよいことにはならない．これはすべての医師が信条とする「ヒポクラテスの誓い」であるが，この概念はまさに自然復元においても適用できるものである．しかし，深刻な被害が生じたときには，「回復者」，つまり健全な個体群や生態系の復元方

法を習得した人々や組織の助けが必要となるだろう．復元事業者は，群集や生態系を復元させることが実際どれほど困難であるか，誰よりも知っている．現場の事情に精通した事業者が自然復元を「簡単なもの」と考えていることは滅多にない．しかし，復元事業者とは驚くばかりの創造性を有している．彼らはありとあらゆる状況（例えば，放棄された露天鉱，土壌侵食の進んだ採石場や山腹，汚染された湿地，改修後の河川，過放牧・過剰利用された草地，成長過剰で鬱蒼とした森林，劣化した砂漠の峡谷，水が涸れた小川や水辺，裸地化した熱帯林）に対処する手段を学んできた．要するに，復元事業者とは自然と対話し，その痛みを知る術を習得している者達である．医師とは違って，復元事業者は生態系をただ癒すわけではない．彼（彼女）らは，患者（自然）自身が自らを癒す状況を作り出すのである．つまり，自然復元は，傷ついた生態系にとって希望の光となりうる．

こうした過程を経て，自然復元に関わる科学者と事業者は，個体群・群集・生態系を機能させるための価値ある知識を得ている．そして，このことが，このシリーズを作る動機に導いてくれる．なぜならば，世界が切望する有力な環境回復ツールとして，自然復元が役立つための実践的知識や科学的知見の基礎を集める必要があるからである．自然復元の科学と実践は，地域を，そして世界を持続可能な社会たらしめる上で最善のツールである．同時に，悪化した生態系を復元させることが，単なる快適さの追求のためでなく，文字通り「死活問題」となっているような場合に，復元事業に対する重要な考え方を我々に提示してくれる．

アイランドプレスはすでに環境科学や環境政策に関して優れた書籍を数多く刊行してきたが，このシリーズはまた新たな側面を加える契機となる．我々はこのシリーズを真の国際的な役割を担うシリーズにしてきたい．生態復元学会とアイランドプレスは，自然復元が世界的に必要とされ，世界的活動であると考えており，そしてこのシリーズが可能な限り幅広くそれらの活動を支援することを望んでいる．我々は忠実に伝統を守っていくつもりである．微生物や個体群から生態系までの生物学が対象とするすべての階層，そして林間にできた小さな空地から景観レベルまでの全ての空間スケールに関して，陸上生態系・島嶼生態系・水域生態系を問わず扱う．また，自然科学や物理科学だけでなく社会科学も歓迎し，単著・編著を問わず優れた論説が寄稿されることを願ってやまない．

生態復元学会は，土地・資源管理者・生態系デザイナー・技術者・社会学者・生物学者など様々な分野の人々を集めてきた長い歴史がある．もちろん，生態復元学会の根本的な目的の一つは，実験結果・観察記録・個人の経験・苦労を重ね手に入れた哲学的観点など様々なトピックが取り交わされる発展的な議論の場を提供することである．その一端として，アイランドプレスは学際的な読者層を対象として，環境科学・環境保全・環境政策に関する新発想を提供しつづける優れた出版社として日々成長し続けている．

我々の共通目的は，生態復元に関して学際的で，特定の地域から全世界まで広く扱った書籍シリーズを活発に生み出していくことである．我々は復元事業者，生態学者，環境保護論者，自然保護区の管理者，土地・水資源の政策立案者，地域社会のリーダー，環境哲学者などの様々な人々がこのシリーズの有用性と利用価値を見出すことを期待している．そして，生物学者であり保全学者であるエドワード・O・ウィルソンが予見したように，生態復元が21世紀の生態学と環境保護の根本原理のひとつになるだろうことを信じている．読者の皆さんがこれらの考えに賛同してくださることを願ってやまない．

ジェイムズ・アロンソン（モントピーリア，フランス）
ドナルド・A・フォーク（タクソン，アリゾナ）

謝　辞

　本書の執筆を支えてくださった数多くの人々に感謝の意を表する．特に，あらゆる場面でご指導を頂いた Don Falk 氏に感謝したい．John Rieger 氏と Thomas Scott 氏には，着想段階から様々なコメントを寄せて頂き，私が本書の執筆に着手するための助けとなった．Tohomas Scott 氏には，第7章の執筆にご協力いただいた．William Block 氏と匿名のレフェリーからは，本文の草稿に対して価値あるコメントを頂いた．Joyce VanDeWater 氏は，図表の構成にご尽力いただいた．サンディアゴ動物学会（The Zoological Society of San Diego）の Bruce G. Marcot 氏，Paul R. Krausman 氏，Annalaura Averill-Murray 氏，Suellen Lynn 氏，Thomas Scott 氏からは，写真をご提供して頂いた．また，本書の出版の際に，様々なご指摘をくださった Barbara Dean 氏とアイランドプレスのスタッフの皆様に感謝したい．

マイケル・L・モリソン

目　　次

はじめに …………………………………………………………………………… 1

1. 個 体 群 …………………………………………………………………… 5
1.1　個体群の概念と生息地復元 …………………………………………… 6
　　1.1.1　個体群動態と存続可能性　8　　　1.1.4　動物の移動　10
　　1.1.2　メタ個体群とその重要性　9　　　1.1.5　攪乱された生息地　12
　　1.1.3　分布様式　9　　　　　　　　　　1.1.6　外来種　13
1.2　野生動物の復元に向けた3つの方法：繁殖・再導入・移送 ………… 13
　　1.2.1　課題　14　　　　　　　　　　　1.2.4　移送　22
　　1.2.2　飼育繁殖　18　　　　　　　　　1.2.5　現状把握と将来予測　24
　　1.2.3　再導入　21
　ま　と　め ………………………………………………………………………… 25

2. 生 息 地 …………………………………………………………………… 28
2.1　定　　義 ………………………………………………………………… 30
　　2.1.1　生息地　30　　　　　　　　　　2.1.3　景観　33
　　2.1.2　ニッチ　32　　　　　　　　　　2.1.4　資源　33
2.2　いつ測定するのか ……………………………………………………… 34
2.3　何を測定するのか ……………………………………………………… 34
　　2.3.1　空間スケール　35　　　　　　　2.3.2　測定：概念的枠組み　36
2.4　いかに測定すべきか …………………………………………………… 40
　　2.4.1　調査の原則　40　　　　　　　　2.4.2　サンプリング手法　40
　ま　と　め ………………………………………………………………………… 45

3. 歴史的評価 ………………………………………………………………… 48
3.1　背　　景 ………………………………………………………………… 49
3.2　技　　術 ………………………………………………………………… 50
　　3.2.1　情報源　50　　　　　　　　　　3.2.4　文献　53
　　3.2.2　博物館の所蔵記録　51　　　　　3.2.5　不確実性　54
　　3.2.3　化石と準化石　52

3.3 事例研究 ……………………………………………………………………… 54
まとめ ………………………………………………………………………… 56

4. 研究設計の手引き …………………………………………………………… **58**
4.1 科学的手続き ………………………………………………………………… 58
4.2 研究としてのモニタリング ………………………………………………… 59
4.3 研究設計の原則 ……………………………………………………………… 60
  4.3.1 最適・次善の研究設計　63 4.3.2 望ましい精度：統計学的有意性と検出力　65
4.4 実験設計 ……………………………………………………………………… 67
まとめ …………………………………………………………………………… 69

5. モニタリングの基礎 …………………………………………………………… **71**
5.1 定　義 ………………………………………………………………………… 71
5.2 野生動物のインベントリ調査 ……………………………………………… 73
5.3 モニタリング ………………………………………………………………… 73
5.4 サンプリングの際の注意点 ………………………………………………… 74
  5.4.1 資源調査　74 5.4.3 研究の継続期間　77
  5.4.2 サンプリング地域の選定　75
5.5 順応的管理 …………………………………………………………………… 78
5.6 特別な対策を必要とする基準の設定 ……………………………………… 80
まとめ …………………………………………………………………………… 80

6. サンプリングの方法 …………………………………………………………… **82**
6.1 原　則 ………………………………………………………………………… 82
  6.1.1 調査者による偏りと訓練　82 6.1.3 調査における誤差　86
  6.1.2 情報の種類　85 6.1.4 一般的注意　87
6.2 両生爬虫類 …………………………………………………………………… 87
6.3 鳥　類 ………………………………………………………………………… 90
  6.3.1 なわばり記図法　90 6.3.4 個体識別のための標識　94
  6.3.2 ライントランセクト法　91 6.3.5 個体数調査法の比較　95
  6.3.3 定点観察　93
6.4 哺乳類 ………………………………………………………………………… 95
  6.4.1 証拠標本　96 6.4.3 コウモリの観察　97
  6.4.2 飛翔しない哺乳類の観察　96 6.4.4 捕獲技術　99
まとめ …………………………………………………………………………… 104

7. 保護区の設計 ··· **107**
7.1 場所の選定 ··· **107**
- 7.1.1 絶滅危惧種を保護するための指標の選択　108
- 7.1.2 生態系保護のための指標の選択　108
- 7.1.3 特記事項　109
- 7.1.4 保護区の大きさ　110
- 7.1.5 不均一性と動態　111
- 7.1.6 景観の視点　112

7.2 コリドー ··· **114**
- 7.2.1 経験に基づく証拠　116
- 7.2.2 事例研究　117
- 7.2.3 研究の必要性　119

7.3 緩衝地域 ··· **120**
7.4 生息地の孤立化 ··· **120**
7.5 生息地の分断化 ··· **122**
7.6 孤立と分断化は常に悪いものなのか？ ······························ **124**
7.7 残存パッチの価値 ··· **125**
まとめ ··· **125**

8. 生息地復元のための野生動物学：総論 ······························· **128**
8.1 重要な教訓 ··· **128**
8.2 自然復元事業計画の展開 ·· **130**
8.3 情報の欠落 ··· **132**
8.4 野生動物学者と事業者の協働 ·· **133**
まとめ ··· **134**

索引 ··· **135**

訳者紹介

監修

梶　光一	東京農工大学大学院共生科学技術研究院・教授
神崎伸夫	東京農工大学大学院共生科学技術研究院・准教授

監訳

江成広斗*	京都大学霊長類研究所・特別研究員
須田知樹	立正大学地球環境科学部・講師

翻訳 (五十音順)

上田剛平	兵庫県但馬県民局地域振興部豊岡農林振興事務所
上野岳人	前東京農工大学
角田裕志*	東京農工大学大学院連合農学研究科
中沢智恵子	前東京農工大学
西川真理	前東京農工大学

*編訳

はじめに

自然復元に携わる人は，それは自らの経験と職人技によって成し遂げられると考えるので，自然復元を科学的に理論化することに意味はないと考えがちである．しかし，個人の技能だけに頼った事業は失敗に終わるだろう（Gilpin 1987：305）.

復元事業の多くは，在来の野生動物の生息状況の改善を目指している．復元事業は対象地域に生息する野生動物が必要とするものを提供できるように計画する必要がある．種の豊富さと分布に関する現在と過去の情報が必要である．野生動物の生息地要求に関する情報（例えば，植物種の適正な構成と構造）も必要である．資源量に制約がある際のニッチ配分，食物要求や繁殖地の立地，遷移の際に生じる種の置き換わり等について理解しなければならない．外来動植物の侵入や，小面積で孤立した地域で復元を行う際に発生する問題など多様な知識も必要である．つまり，復元事業のすべての段階を通じて慎重な検討を行いながら，野生動物を理解していくことになる．

さらに，復元事業の達成度は，その事業に対して野生動物種がどのように反応したかによって判断されるべきである．モニタリングによって，特定事業の修正，将来の事業の改善などのフィードバックが可能となる．復元事業は，大規模（景観レベル）のものから小規模にして地域固有のものまで，全ての空間スケールに応用できなければならない．しかし，すべての問題に対して，私は生態系アプローチ*を強調したい．

本書によって，生態学者，復元事業者，行政官，その他の専門家は，野生動物個体群や，野生動物と生息地との関係に関する基礎について理解することができる．本書は，精密なモニタリング計画を開発し実施するための基本的手法とともに，計画策定に求められる情報を網羅している．モニタリングには実験計画や統計分析の知識（例えば，希少種や希少個体群のサンプリング手法）が必要である．これらの知識によって，復元事業者は，実験や分析の必要性について専門の野生動物学者と議論できるようになる．特別な訓練や教育は必ずしも必要ではないが，生態学の基礎概念や統計学の基礎知識は持っていた方がよい．本書では以下の論点から野生動物の復元について言及する．

● 生息地やニッチの概念，それらの歴史的展開，構成要素および空間的・時間的な関係，ならびに土地管理におけるそれらの役割についての俯瞰

● 野生動物個体群の認識方法，カウント方法についての解説

● 動物の捕獲飼育・再導入・移送に関する総説

● 基礎的な統計学的方法論を伴った，野生動物とその生息地の測定技術に関する詳細な解説

● 特に保護区の大きさや分断化，コリドーに留意

（訳注）**生態系アプローチ**： 個体・個体群・群集などすべての生物学的階層を対象に，生態系の機能やプロセスを包括的に管理するためのアプローチ．生態系アプローチでは，人間も生態系の一要素と考え，管理の対象となる

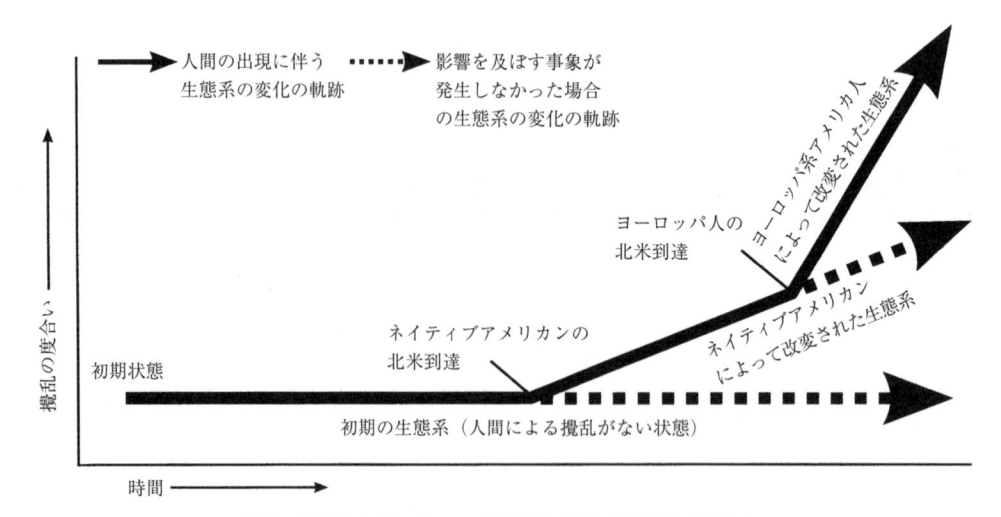

図1 生態系の変動パターンに及ぼす人間の生態学的な影響力.
(M.Kat Anderson, "Tending the Wilderness." *Ecological Restoration* Vol.14, No.2. Copyright 1996. Reprinted by permission of the University of Wisconsin Press)

して，野生動物とその生息地要求を復元計画に組み入れる方法についての議論
● 大規模な景観の復元に向けての生態系アプローチについての概説
● 外来種，競合種，捕食者，病気，その他関連要素の復元事業に対する影響の検証
● 復元事業におけるモニタリングと適切なサンプリングを設計するための信頼できる論理の展開
● 個々のモニタリング事業の開発や評価手法
● 復元事業の歴史的な事例の提示
● 野生動物と生息地の関係およびそのモニタリングに関する更なる情報源の明示

　本書は，野生動物個体群を調査する際に考慮すべき理論的・現実的問題に取り組むとともに，野生動物学者が成しうることと成しえないことを説明する．本書では「ハウツー本」のような形式はとらない．マニュアルに沿った処方は，予期せぬ結果を導いてしまうことがままあり，不要な外来種を引き寄せてしまうなど，よい結果よりも害のある結果を引き起こす場合がある．本書は，一定の目標を持った野生動物の復元事業計画策定に役立つ生態学的概念を理解する上での基礎的な手法について簡便に述べる．

　本書では，ある地域に生息する野生動物を評価し，生息地との関係を把握するための基礎的な原理と方法について学ぶことになる．生態学は複雑である．それゆえ，種の目録，生息地利用，生態学的なプロセス，調査方法，研究設計，統計解析，個体群の仕組み，外来種，病気，寄生者など，習熟すべき課題は多い．復元計画，絶滅危惧種の回復，個体群のモニタリング，影響評価，保護区設計，生息地保全計画，基礎生態学的な関係性について追求しようとするならば，これらの課題の理解は必要である．本書ではより高度で詳細な情報を求める人のために，適切な文献も紹介する．

　復元計画が「復元」しようと試みるべき状態，例えば「過去のある特定の状態」を明確にすることは，本書の目的ではない．望むべき，あるいは「自然」であった時代とはいつなのかという議論は，つまるところ「どのように復元するか」という議論であり，きりがない．私の目標はこれとは違う．つまり，復元事業者が野生動物とその生息地を扱う場合，彼らが生態学的なプロセスを理解

するのを助けることである．生態学の基礎的原理を学ぶことにより，復元が不可能であることが示唆されるかもしれない．時間，資金，もしくは技術的な困難さ故に成功する見込みのない調査研究に取り組む理由がないのと同様に，不可能なものの復元に取り組む理由はない．私は過去に十分配慮して復元計画を策定することを強く支持してはいるが（第3章），生態学的視点を持ち，我々が達成できることとできないことを明確にしなければならない．

私は「自然な」あるいは「自然群集」という語をできるだけ使いたくない．多くの復元事業者は，自然な状態を人為的な影響がまったくない世界であると考える．この考えを拡大解釈し，原始的な生活を行う原住民による環境への影響も，人為的な影響と見なす人もいる．例えば，Anderson (1996) は，人為的影響の程度によって，生態系の変化の仕方が異なることを図示している（図1）．復元事業者は，対象地域に作用している人為的影響を見極めることが必要である．人間活動によって動植物の地域絶滅，種の導入，動植物の移出入や分散，そして生態学的なプロセスがもたらされるため，人為的な影響を排除した状態へ到達することは不可能である．復元計画を行うためには，歴史的条件に関する知識，地域の現況に関する理解，種固有の生息地条件の要求に関する知識，法的措置に関する評価，それに政治的な配慮にもとづいて，目標に優先順位をつける必要がある．たとえ特殊な目標があったとしても，すべての復元計画は対象地域に作用している生態学的なプロセスを考慮しなければならない．

近年，野生動物の管理は，科学的，社会的，文化的，法的，倫理的，審美的側面にそって発展している．伝統的には，野生動物（wildlife）は，単に陸生脊椎動物，特に狩猟動物として見なされてきた．しかし最近では，野生動物学の分野は野生動物のすべての種の保護を含むまでに拡大している（この問題は，Morrison et al. 1998：chap.11. において詳細に議論されている）．本書では，陸生脊椎動物を野生動物とする伝統的な概念に従う．私がそうするのは，私自身が陸生脊椎動物について経験豊富であるというだけでなく，本書の焦点を絞り，簡潔にするという目的からでもある．

効果的な保全と復元のために，我々は生態系アプローチに基づいて取り組まなければならない．これによって，生物間相互作用や生物－環境系，および生態系プロセスに沿って生物多様性を考えることを意図している．生態系に内在する多様な関係の中で野生動物を理解するためには，以下に関する理解が必要である．

● 個体群動態
● 個体・個体群・種の進化プロセス
● 種の存続に影響する種間の相互作用
● 生物の生命力に及ぼす環境の影響

ある生態系の多様な関係性を理解するためには，環境，生息地，野生動物個体群の改変における人間の影響を理解することも必要である（Grumbine 1994；Morrison et al. 1998：360）．

このように，野生動物とその生息地の復元は，包括的な手法によって取り組まなければならない．この方法で，我々は，種の分布や生息数，そして動物の繁栄を形作る少なくともいくつかの要因を理解する機会が得られる．我々は多岐にわたる景観に関する問題（個体群構造，分散のためのコリドーの役割，分散の機能など．詳しくは Bissonette 1997を参照）について確実に理解しなければならない．しかし，復元計画の発展に向けた地道なボトムアップの取り組みによって野生動物に関するより正確な理解が得られ，それこそが復元計画を成功に導く模範となると考えられる．

私はこの本が少なくとも2つの基本的な目標を充足させることを望んでいる．第一は，復元事業

者に野生動物学の分野に関するより良い理解を提供することである．第1章と第2章は，その基礎的な概念をまとめている．第二は，野生動物学者が，自然復元における自らの研究の位置づけを学ぶことである．第3章，第7章，第8章はこれに関して特に有益である．

引用文献

Anderson, M.K. 1996. Tending the wilderness. *Restoration and Management Notes* 14：154-166.

Bissonette, J.A. (ed.). 1997. *Wildlife and Landscape Ecology：Effects of Pattern and Scale*. New York：Springer-Verlag.

Gilpin, M.E. 1987. Minimum viable populations：A restoration perspective. Pages 301-305 in W.R.Jordan III, M.E.Gilpin, and J.D.Aber (eds.), *Restoration Ecology：A Synthetic Approach to Ecological Research*. Cambridge：Cambridge University Press.

Gurumbine, E.W. 1994. What is ecosystem management? *Conservation Biology* 8：27-38.

Morrison, M.L., B.G.Marcot, and R.W.Mannan. 1998. *Wildlife-Habitat Relationships：Concepts and Applications*. 2nd ed. Madison：University of Wisconsin Press.

1. 個体群

　野生動物の復元事業の究極の目的は，対象とする個々の動物種をその対象地に呼び戻し，持続的に保護していくことである．動物種が持続的に生存するために十分な子孫を残し，その子孫が繁殖相手や好適な環境を見つけ，繁殖に成功することが出来る環境条件を整えるためには，生息地管理が必要である．適応度*は，個体群内の個体間関係の変化，個体群間関係，種間関係，そして個体とその生息地や環境との関係に影響される．それゆえ，野生動物を復元させるためには，個体群動態と動物の行動に関する知識が必要である．復元事業を成功に導くためには，個体群の動向を左右する生態学的なプロセスについても理解しておく必要がある．すべての種の存続にとって生息地は不可欠である．しかし，生息地そのものが長期にわたる個体群の存続可能性と高い適応度の維持を保障するわけではない．例えば，以下のような事例がある．北米のインターマウンテンウェスト（ロッキー山脈のすぐ西側に位置する山脈）では，タウンゼントオオミミオオコウモリ（*Corynorhinus townsendii*）のマクロハビタット（第2章参照）は，植生カバーの種類と植生の階層構造に影響を受けると考えられている．こうしたマクロハビタットの条件は，1800年代初期から現在に至るまで3％ほど改善されたと推測されている．しかし，この間，個体群は一貫して減少傾向にある．この種は多様なマクロハビタット・生息地条件・ねぐらを利用できるものの，人間活動の影響を極めて受けやすい．子連れメスへの撹乱が繁殖成功度に負の影響を及ぼしたり，冬眠場所の撹乱が冬期死亡率の増加に繋がったりする（Nagorsen and Brigham 1993）．そのため，こうした撹乱に対する配慮が，この種の保護や復元に欠かせない条件であったにもかかわらず，マクロハビタットの状況にばかり注目した結果，個体群の傾向を誤認する結果を招いた（Morrison et al. 1998：49）．

　まず我々は，生息地・環境・個体群構造・生物の適応度・個体群の存続可能性に影響を及ぼす空間的・地理的要因に着目することからはじめよう．これらの要因は，種の存続を保障するために必要な復元事業地域の大きさや位置と直接関係する．そのため，復元事業者はこれらの要因を理解しておかなければならない．例えば，ある種が長期間存続するためには新規個体の移入が必要である場合を考えてみたい．調査の結果，もし新規個体の移入が見込めないことが明らかになれば，この種の生息地を増やすという自然復元には何の意味も見出せないことは容易に理解できるだろう．この章の後半部分で，著者は飼育繁殖・再導入・移送の問題について解説する．

（訳注）**適応度**：　ある個体がどの程度繁殖可能な子孫を残すことができるかを示す尺度

1.1 個体群の概念と生息地復元

　個体群の従来の定義は「交配が行われる同種個体の集まり」である．しかし，特定の個体群の中だけでしか交配しない野生動物はほとんど存在しない．そのため，交配可能性が高い同種個体の集まりをデームと呼んでいる．準個体群（分集団）という用語は，特別な地理的分布を示したり，非生物学的基準（例えば行政界や国境など）によって区分けされたデームや個体群の一部を指したりなど，さまざまな意味で用いられる．水域・山地・道路などが分散を妨げていたり，資源の分布が分断されていたりする場合，個体同士の交配は阻害され，同種の個体であっても不均一な分布を示す．

　部分的な個体の隔離や，個体群間の隔離の程度によっては，個体群がメタ構造を形成することもある．メタ個体群は，複数の局所個体群からなる1つの個体群である．程度の差はあるが，地理的に隔離された生息地パッチに分布する種が，遺伝子流動（集団間の遺伝子の移動）・絶滅・再定着などによってそれぞれの個体群に繋がりがある場合に形成される（Lande and Barrowclough 1987：106）．メタ個体群を構成する個々の個体群は準個体群と呼ばれる．メタ個体群は，環境条件や種の生態によって，繁殖個体が完全な任意交配の状態にない場合に生じる．そして，個体群統計学的な指標（増殖率など）や繁殖などの個体間に生じる相互関係は，準個体群間よりも準個体群内でより強くなる．メタ個体群構造は多くの野生動物の個体群において形成されており，分散や移動・生息地の状態・遺伝子・行動などの様々な要因によって維持される（図1.1）．

　個体群構造は，どのような復元計画においても配慮すべき重要な要素である．例えば，メタ個体群を扱う場合，分散を可能にするには，十分な面積を持つ生息地間の距離について考慮する必要がある．生息地とは種に固有な概念であることを忘れてはならない（第2章参照）．互いの生息地が離れすぎている場合，分散に必要な土地を見出せない．そのため，ある離れた生息地で準個体群が絶滅した場合，自然条件下でそれが復元すること

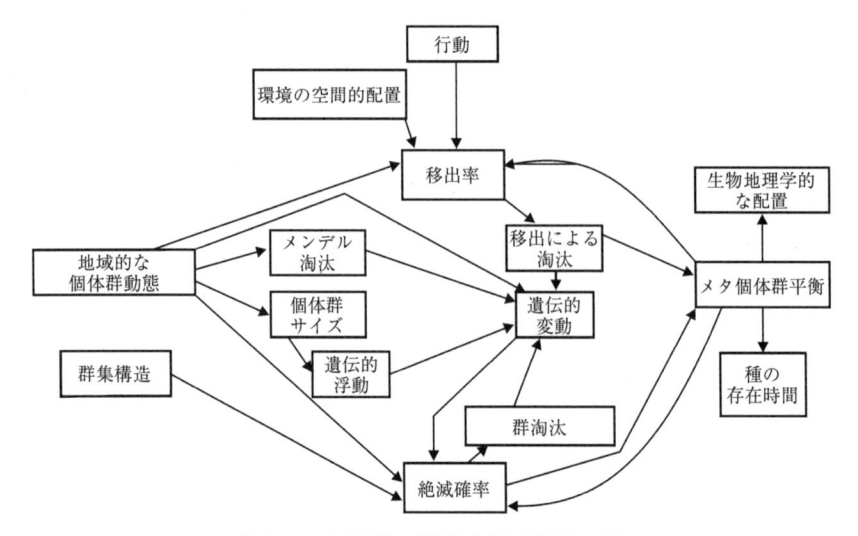

図1.1 メタ個体群の構造と動態に関係する要素．
（R. Levins, *Lecture on Mathematics in the Life Sciences* **2**, 75-107. Copyright 1970）

は期待できない．例えば，Marsh and Trenham (2000) は，地域的な両生類の保護計画の際には，それぞれの池をパッチ状の生息地として考えなければならないと述べている．このことは，動物生態学における基本原則であるだけでなく，復元計画においても重要である．

あるメタ個体群を構成する複数の準個体群において，それぞれ動物の生息数は異なっているだろう．図1.2に示した例は，現実的なメタ個体群構造を模したものである．準個体群間のリンクに着目すると，結合部分に位置する準個体群（図の黒丸）の消滅は，さらなる絶滅を引き起こす可能性がある．復元計画の目標の1つは，メタ個体群の構造を明らかにし，復元地域内のメタ個体群構造（特に図に示した結合部分に位置する準個体群）の存続を促すことである．

準個体群間の動物の分散確率は，その距離に比例する．好適な生息地パッチ間の距離が長くなるほど，動物がそのパッチを探し出すことが困難になる．さらに，パッチを探すのに時間を要するため，生存率も低くなる．したがって，分散能力は，動物の復元計画において考慮すべき事項の1つで

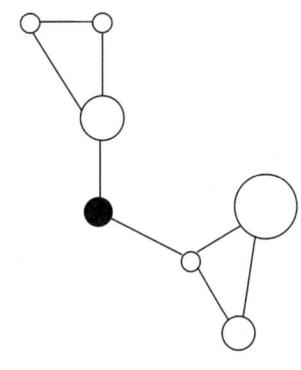

図1.2 メタ個体群における準個体群（円）の配置と規模の模式図．大きな円は個体数が多い準個体群を，直線は分散経路をそれぞれ示している．黒丸はその他の準個体群間をリンクする重要な準個体群で，復元が最優先される．

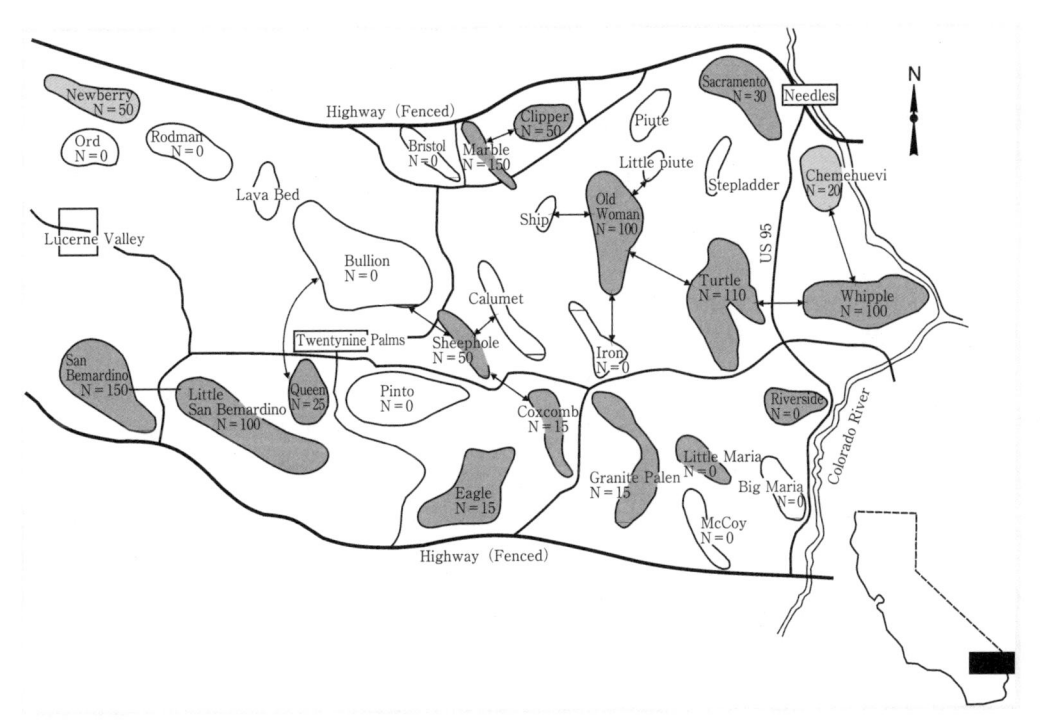

図1.3 カリフォルニア南部におけるオオツノヒツジのメタ個体群の配置．網かけのある山地帯は，現在もオオツノヒツジが生息しており，Nはその個体数を示す．N＝0は個体群が絶滅した地域．Nの記述がないものは生息の有無が記録されていない地域．矢印は山地帯間の個体の移動を示す．

（V. C. Bleich et al., Conservation Biology 4：383-390, Figure 1. Copyright 1990．再編許可：Blackwell Science）

ある．カリフォルニア南東部のオオツノヒツジの生息分布図を見ればわかるように，実際の野生動物は複雑なメタ個体群構造を示す（図1.3）．絶滅によって準個体群間のリンクが失われることのないように，注意しなければならない．復元事業を始めるに当たって，その動物の準個体群がかつてどのように分布していたかを把握しておく必要がある．

1.1.1 個体群動態と存続可能性

個体群の存続可能性とは，「十分に分布した個体群が，ある一定期間（通常，1世紀あるいはそれ以上）存続し続ける可能性のこと」である．「十分に分布した個体群」とは，自然条件下で個体同士が自由に交流できる状態にある個体群を意味する．存続可能性の評価基準となる期間は，種の生活史，体サイズ，寿命，そして特に個体群の世代時間*に基づいて決定される．Morrison et al. (1998：53) が示す経験則に基づくなら，その期間は，個体群統計学的な変動による遅延効果（遅れて発現する影響）を考慮した場合は少なくとも10世代，遺伝学的な変動を考慮した場合は50世代とすべきである．もしその間に環境の変化が予想されるならば，より長期間の評価を行った方がよい．したがって，世代時間がおそらく10年単位となるオウムの個体群においては，個体群統計学的要因では1世紀以上，遺伝学的要因では5世紀以上にわたって存続可能性を検討しなければならない．より短期間で再生産を行い，寿命も世代時間も短いハタネズミ類の個体群では，存続可能性はおそらくほんの数年で検討できるだろう．

個体群統計学は，個体の適応度と個体群の存続可能性に影響する多くの要因が関係している（Morrison et al. 1998：54）．生存率は，餌の質，天候，性比の不均衡などの要因が作用して，空間的・時間的に大きく変化する．厳冬のような気候変化に対する個体群の反応は，複数の季節あるいは数年に及ぶ遅延効果として現れる．Morrison et al. (1998：59-62) は，個体群を保全する際の遺伝学的影響について解説している．

個体群の存続可能性モデルにおいて，過去のわずかな環境条件の変化が個体群を崩壊させる原因になることもある．その環境条件を「閾」という（Soulé 1980；Lande 1987）．このような閾の状態が明らかになるにつれて，最小存続可能個体数（minimum viable populations：MVP）という概念が発達した（Lacava and Hughes 1984；Gilpin and Soulé 1986）．MVPは通常，密度や分布ではなく個体数で示される．MVPは長期にわたって個体群を維持できる最小の個体数を意味しており，それ以下では絶滅を免れない．

1980年代，研究者は，近親交配と遺伝的浮動といった遺伝学的条件のみを考慮してMVPをモデル化した．理論的にはMVPは，それ以下では個体群が絶滅してしまい，それ以上ならば安全という個体群サイズ（繁殖に参加する成熟個体の数）を表している．MVPに関する指針として50/500則は有名である．50/500則とは，「繁殖に参加する個体数が短期的には50個体，長期的には500個体維持されなければならない」という持続可能な個体群サイズを考える際の一つの基準である（Gilpin and Soulé 1986）．しかし，この基準はほとんどの場合，現実的ではなく，遺伝学的側面だけを重視したものに過ぎない．

存続可能な個体群の管理目標として，野生動物個体群間のリンクと多様な遺伝子プールの必要性が掲げられていることが多い．しかし，管理目標は，対象種が置かれている自然条件下の状態を理解することに向けられるべきである．自然条件下では個体群は完全にあるいは部分的に孤立している場合もある．このような場合，飼育下での交配計画や生息地操作などによって，人工的に異系交配

（訳注）**世代時間**： 生物が誕生してから繁殖能力を得るまでの時間

を行うことは自然な状態を損なう可能性がある．

復元事業者は，事業地域の面積が実際に対象種を長期間存続させるために十分かどうかを慎重に検討しなければならない（ただし，期間を明確に決めておく必要がある）．もし対象種が長期間存続できないのであれば，生息地を供給するのは無意味である．カリフォルニア州キングス郡レムーレにある海軍航空基地では，連邦指定の絶滅危惧種であるフレンソカンガルーラット（*Dipodomys nitratoides exilis*）が，完全に孤立した40haの地域に少なくとも20年間，新規個体の移入がまったくない状態で生存し続けている（Morrison et al. 1996）．こうした事例を考慮すると，復元計画は対象種の存続可能性に関わる生息地の質的評価も踏まえて検討する必要がある．

1.1.2 メタ個体群とその重要性

景観スケールで見た個体群の分布・数・動態は，種および生息地の属性や，その他の要因に影響される．種の属性には，移動・分散様式，生息地の選好性，個体群動態（密度依存的関係を含む），そして個体群の遺伝子が含まれる．生息地の属性には，生息地パッチの質・面積・間隔・リンクと分断の度合い，そしてこれらに関わる食物・水・カバーの豊富さと分布が含まれる．その他の要因には，天候などの環境条件・狩猟圧・他種からの影響といったものがある（Morrison et al. 1998：78）．

メタ個体群構造の特徴から考えて，同時期にすべての生息地において動物が分布しているとは限らない．一見不要と思われるような生息地であっても保護する必要があり，野生動物の生息地の利用状況は数年あるいは複数の季節を通じた観察に基づいて判断すべきである．実際には対象とする種が生息しているにもかかわらず，その種が生息していないと結論付けるのは，統計学でいうところの第2種の過誤にあたる．それを回避するためには，十分なサンプル数と観察期間を用意し，統計学的な検定力を強化する必要がある（第4章参照）．適切な復元計画の設計手順は，個体群と生息地のサイズや脆弱性，そしてその計画の目的によって異なる．復元計画が個体群の定着あるいは維持を目的とするならば，対象種の個体群構造を把握することが最も重要である．メタ個体群構造が種によって大きく異なることを考慮すると，対象種の地域的・景観的な分布様式を明確にすることの必要性は明らかである．

異なる生態型＊・個体群・地理的地域・生態地域＊に生息する各個体の生息地利用パターンを統合してしまうのは好ましくない（Ruggiero et al. 1988）．しかし，このような個別情報を統合することで，少なくともある種の個体群構造の一般性を理解することができる．しかし，文献調査や専門家の意見に頼ったこのような分析だけでは，復元事業の失敗を招く．

1.1.3 分布様式

多くの野生動物種の全体的な分布様式や地域的な個体数は，時間や場所によって異なる．多くの種において，その密度分布は，分布域全域のエッジで低く，中心部で高い凸レンズ型の分布を示す．この密度分布は，次のような生物物理学的条件と種生態のある側面が反映された結果である．すなわち，適した生物物理学条件の地理的な分布範囲，生物物理学的条件に対する各々の種の耐性の幅，地理的な分布範囲のエッジに好ましい生物物理学的条件が存在するかどうかである．このような分布の周縁部分はシンクと呼ばれる．非繁殖個体や，良好な繁殖条件が継続した場合，シンクは繁殖地からの分散個体の受け皿として機能す

（訳注）**生態型**：　同一種でありながら，異なる環境条件で独自に適応・分化した形質
　　　　生態地域：　生態学的な特徴にもとづき区分される地域

る．シンクは，死亡と移出による個体数が，出生と移入による個体数を上回る生息地でもある．多くの種が凸レンズ型の密度分布を示すが，最も密度の高い地域が必ずしも中心に位置するとは限らない．北米繁殖鳥類状況調査による鳥類センサスの結果（第3章参照），Brown et al. (1995) は自然保護区を設計し，生物多様性を保全する場合，個体数の地理的・時間的な変化のパターンを考慮しなければならないと結論づけた．

既に述べたように，凸レンズ型の密度分布が常に成立しているわけではない．ある種の密度分布は，生物物理学的条件が一変する場所，例えば山脈・大きな河川・大陸の端など分散の障害物に沿って分断される．ミソサザイモドキ（*Chamaea fasciata*）の地理的分布はその典型例である．この種はチャパラル（低木のカシ林），低木林，低木密生林を好み，その分布は北米太平洋岸で密度が最大に達して，突然分布が途切れる（Morrison et al. 1998 : 84）．このような例があるため，種の分布のエッジがその種にとって生息条件が劣る場所であり，もっとも密度が低くなると，短絡的に考えることはできない．

動物が高密度で生息する地域や，好ましい環境条件を備えた地域（両者が常に同義ではないことに注意）を明らかにすることは管理上重要である．Wolf et al. (1996) は，野生動物の復元事業を成功させるための要因として，過去の分布域の中心地や好適な生息地に動物を放つことを挙げている．その他の要因として，在来の狩猟動物の利用，より多くの放逐個体の確保，そして対象種の食性の幅が挙げられる．これら以外にも，多くの要因が個体群の存続可能性に影響する．

以上のような検討を踏まえた上で，復元事業地域における対象種の分布に関する文献を参照したり，専門家に意見を求めたりすることで，復元事業の成功率を向上させることができる．事業対象地が対象種の分布域の中心付近か，あるいはエッジ付近かによって結果は異なるかもしれない．もし中心付近に対象地を定めるならば，周囲から高頻度で個体の移入が期待できるため（種や距離にもよるが），復元による再定着は容易であるかもしれない．しかし事業対象地が分布のエッジに近くなると，再定着が成功する可能性は低下するだろう．繰り返すが，復元事業者は，事業設計にあたってこれらの要因を十分に考慮しなければならない．

1.1.4　動物の移動

生息地内の野生動物の移動は，個体群動態に影響する．生息地管理の際に特に考慮すべき重要な移動には次のようなものがある．

●分散

一方向のみの（不可逆的な）移動．代表的なものとして若齢個体の出生地からの移動がある．

●渡り

季節的あるいは周期的移動．代表的なものとして，資源探索のための移動，厳しい季節的条件の回避を目的とした緯度に沿った水平方向の移動，あるいは高度に沿った垂直方向の移動がある．

●行動圏

資源探索のためにある決まった空間内を一定時間（1日，数週間，あるいは数ヵ月）かけて移動する．

●エラプション（爆発的増加）

通常生息していない場所へ不規則に個体が大量流入する現象で，厳しい気象条件が続いたり，高質な資源が急激に出現したりする時に起こる個体群の反応．

生息地管理を実施する上で，こうした移動様式の分類に基づき，以下の点を明らかにする必要がある．①ある季節，ある地域に出現する可能性のある動物種と，その季節にその種が要求する資

図1.4 狭い帯状の残存植生を野生動物のコリドーとして利用するには，十分な調査が必要である．写真はブリティッシュコロンビア．（写真提供：Bruce G. Marcot）

源や生息地，②季節を通じてある地域に出現することが期待される動物種の数と，その際に必要とされる資源や生息地面積，③直近の対象となる地域外で保護事業が必要とされる生息地．こうした移動様式の分類は移動の際に用いられるコリドーを設定する上でも有用であり，保全対象とすべき生息地や地理的範囲を特定する上でも役立つものである（図1.4）．Morrison et al.（1998：84-90）は，生息地管理における動物の移動の影響を総説しており，以下にその要点をまとめる．

a. 分散

分散は，特に若齢個体が出生地を離れることを意味する．これは近親交配や資源を巡る競争を避け，配偶者を探すための本能的・遺伝的な適応の一つである．同時出生集団や同じ血統の個体であっても，その移動距離や移動様式には大きな差がある．これは，個体が不均一に分布することによって，わずかな数の個体であっても好適な環境に到達し，配偶相手を見つけることを確実にする

適応的意義を持っていると考えられている．分散様式は齢や性，時間，競争を含む種間関係によって異なるとされている．

分散の障害や強力な制限要因を明確にすることは，生息地管理を行う上で考慮しなくてはならない点である．野外では，分散の障害や制限要因は，生息地パッチの分布状況や低密度で小規模の個体群の存続を左右する重要な要素である．しかし，これらを定量的に評価した研究はほとんどない．例えば，Allen and Sargeant（1993）は，4車線の州間高速道路がアカギツネ（*Vulpes vulpes*）の分散方向を変化させ，出生地付近への分散の制限要因（障壁）となっていることを示した．

b. 渡り

渡りは，動物が定期的（通常，季節的あるいは年一回）に行う特定の場所や生息地への移動と定義される．有蹄類の群れや，大型捕食者，猛禽類の一部，多くの新熱帯区*に生息する渡り性鳴禽類，両生類の一部，その他の分類群の動物が渡り

（訳注）**新熱帯区**： 植物相の境界区分の1つ，主に南米大陸を指す

を行う．渡りの距離は長短様々である．長距離の渡りは，氷河の消長とそれに伴う気候や資源の変化（Chaney 1947），少ない資源をめぐる競争の回避，もしくはその他の要因に対する反応が長期間繰り返されてきた結果生じたと考えられている．多くの種の渡りの起源は十分に明らかにされていない．しかし，多くの既往研究に基づけば，長距離の渡りは，究極要因として，食料やその他の主要な資源の利用可能量が季節的に大きく変化したことに対する反応として進化したと考えるのが妥当である．つまり，競争者・捕食者からの逃避や，氷河の影響などは二次的要因（至近要因）に過ぎない．

c．行動圏

動物がいかに行動圏を確立しそれを利用するかの情報は，個体群の生息地管理を行う上で重要である．しかし，復元事業者は，行動圏面積や，行動圏内の利用可能な生息地の量的評価にのみ着目すべきではない．食物供給・同種の個体密度・体サイズ・競争者・捕食者・地形など，行動圏面積や生息地選択に影響を与える要因は他にいくつもあるからである．詰まる所，生息地選択とはこれらも含めた生息に関係するすべての要因を最適化するというプロセスであり，行動圏とはこのプロセスが表現されたものなのである（Hall et al. 1997）．これは生息地管理の際に重要な問題を提示する．なぜなら，平均よりも大きい行動圏を与えただけでは，生息地の質や量を十分に供給できたか否かを判断することはできないからである（第2章参照）．

d．エラプション

種によって，その分布と分散に周期的なエラプション（爆発的増加）が起こる．エラプションは，「ある個体群の生息分布や個体数密度が急速に拡大・増加する現象」をいう（これに対して，イラプションは「ある地域への侵入」を意味する）．厳冬期の北米北部では，オナガフクロウ（*Surnia ulula*），シロフクロウ（*Nyctea scandiaca*），シロハヤブサ（*Falco rusticolus*），ナキイスカ（*Loxia leucoptera*）など高緯度亜寒帯林に生息する種が，はるか南のカナダ南部や北米の北部へと断続的に移動する．このようなエラプションによって，個体群の分布限界が拡大する．シロガシラキツツキ（*Picoides albolarvatus*），イスカ（*Loxia currirostra*），コベニヒワ（*Carduelis hornemanni*），ベニヒワ（*C. flammea*），キビタイシメ（*Coccothraustes vespertinus*）などの種では，より地域的な季節的エラプションや放浪的移動が起こる．異常な環境条件は，創始者個体群が新たな地域に定着するきっかけとなる場合もある．例えば，異常な卓越風*によって，カタグロトビ（*Elanus caeruleus*）がカリフォルニア南部80km沖合いの孤島，サンクレメンテ島に侵入（イラプション）したという報告がある（Scott, 1994）．このような移動は，生息地の周辺の潜在的定着率やある種の分布域の周縁部の保全的価値を決定する上で重要である．

復元事業において，対象種の個体群構造や移動様式を考慮することが肝心である．幸運にも自然史に関する文献を通して，多くの種の分散様式や生息状況について，少なくても総括的な情報を得ることができる．

1.1.5 攪乱された生息地

個体群は，不安定要因に対して機能的反応や数的反応を示すことがある．機能的反応とは動物の行動の変化であり，獲物選択や休息場所・繁殖場所の環境選択が変化する．機能的反応は，移入による個体数の一時的・地域的増加（あるいは移出による減少）にも繋がることがある．数的反応とは，新規加入個体数の変化によって，個体数が大きく変化することをいう．

生息地が攪乱されると，機能的反応か数的反応

（訳注）**卓越風**： ある期間，ある地方で吹く風向きの決まった風（貿易風，偏西風など）

の片方あるいは両方が生じる可能性がある．例えば，ロッキー山脈北部の亜高山帯林の樹冠火によって，セグロミユビゲラ（*Picoides arcticus*）の生息地の好適性が高まることが報告されている．火事の結果，地域内の倒木が増加し営巣密度が高くなったり（長期的な数的反応），餌量や飛翔空間の増加によって森林内の採餌可能個体数が一時的に増加したりするためである（短期的な機能的反応）．動物の反応をこのように分けて考えることは，管理行為，特に生息地の復元や質の向上が実際に個体数を増加させているのか（あるいは単に個体の再配置が行われただけなのか）を理解する上で重要である．穀倉地や農場で採餌する水鳥を近隣の保護湿地へ誘導する事業のように，単なる再配置が管理目標となることもあるだろう．しかし，攪乱や分断化された生息地から移出した個体によって分布の再配置や地域的増加が起こった場合，個体群全体の衰退が不明瞭になる可能性もある．

1.1.6 外来種

外来種の侵入は，生息地の保護と復元における重大な問題になっている（Coblentz 1990；Soulé 1990；OTA 1993）．分類群や環境を問わず，外来種問題は起こりうる．外来植物によって，在来有蹄類の採食地利用が攪乱されることもあるし（Trammel and Butler 1995），自然公園を人為的管理なしで維持することが困難になる場合もある（Westman 1990；Tyser and Worley 1992）．外来の狩猟鳥や大型狩猟動物を導入することで，在来動植物の分布が影響を被ることもある（OTA 1993）．

しかしながら，外来種（非固有種）と在来種（固有種）を常に明確に区別することは難しい．分布域拡大は自然に生じることもあるし，人間による環境改変に起因したり助長されたりするかもしれない．人間による小規模な導入を起源とするものもあるだろう．北米で自然発生した外来種の例に，アマサギ（*Bubulcus ibis*）がある．この種はアフリカから南米に1880年頃飛来し，1940年代から1950年代にはフロリダとテキサスに到達し，急速に北米北部と西部に拡大した（Ehrlich et al. 1988）．グレートプレーン（ロッキー山脈東側の大平原）で進化したコウウチョウ（*Molothrus ater*）は，1900年代に北米のほぼ全域にその分布を拡大させた．これは森林伐採と農業開発の影響であると考えられる（Morrison et al. 1999）．北米大陸全土に広がってしまった外来種にはホシムクドリ（*Sturnus vulgaris*）がいる．この種は，導入に2度失敗したが，1890年にニューヨークのセントラルパークに再度放された60羽を起源として，その後60年間で大西洋側まで分布を拡大し，多くの鳥類を駆逐あるいは存続の危機に陥れてしまった（Ehrlich 1988）．

外来種にせよ在来種にせよ，それが新たな地域へ分布を拡大した場合，復元事業者は更なる課題を抱えることになる．例えば，在来の洞窟営巣性鳥類の復元事業地域にホシムクドリが侵入すると，自然洞窟や在来種用の人工巣箱がその外来種に占領されてしまい，復元事業が立ち行かなくなることがある．このような不測の事態は間違いなく頭痛の種ではあるが，このような事態に対処して事業計画を設計することが復元事業者には求められる．

1.2　野生動物の復元に向けた3つの方法：繁殖・再導入・移送

本書は生息地復元に主眼をおいているが，本節では動物個体群の復元事業における飼育繁殖・再導入・移送の有効性について総説する．これらは，特に希少な絶滅危惧種の復元手段として，世

界中で用いられている．本節では，復元計画におけるこれら3つの選択肢を紹介したい．

　復元事業のプロセスでは，分断化された動物個体群間に何らかの機能や構造を再構築することが求められる．したがって，メタ個体群に関する生物学は，復元事業の設計や管理において直接的な道具として役立つ．メタ個体群動態には，特定の地域個体群で生じる絶滅・定着・再定着・地域個体群間の移動や結合という要因が関係する．メタ個体群管理を適切に実行できれば，地域個体群が自然に消滅する可能性を減少させることができるとともに，遺伝的多様性の維持にも貢献する．飼育繁殖施設は分断化された個体群を維持する上で不可欠である．つまり，飼育繁殖と復元計画はメタ個体群動態の理解度に深く関係しているのである（Bowles and Whelan 1994）．

　飼育繁殖や再導入は希少個体群を復元する上で必ずしも理想的手段とはいえない．飼育繁殖には莫大な費用がかかり，再導入には技術的な問題も多い．準個体群間の遺伝子流動の割合，個体群の有効集団サイズ，突然変異率，社会構造といった要因の全てを，復元や再導入を計画する際には考慮しなければならない．小規模個体群はかつて個体群のボトルネック（個体数の急速な減少）を経験したかもしれない．そういった衰退個体群を回復させ，進化の可能性を回復・維持するために遺伝的操作が必要かもしれない．遺伝的変異や進化の可能性を維持することは，飼育下の個体群だけでなく，希少個体群・孤立個体群の維持においても懸案事項である．飼育繁殖の結果，遺伝的浮動による遺伝的変異の消失が起こったり，淘汰によって飼育環境に対する遺伝的順応が起こり，再導入の際に復元事業地に適応できなかったりするケースもある（Bowles and Whelan 1994）．

　Ramey et al.（2000）は，個体群を人為的に増加させる際の5つの重要な課題を挙げている．

● 個体群が深刻なボトルネックを経験したという仮定を支持する（遺伝的・個体群統計学的・行動的）証拠の裏付けが2つ以上存在するか．
● 補強を目的とした導入によって資源が劣化し，対象種を急速に絶滅させることはないか．
● 個体群のボトルネックは病気の蔓延（あるいはその他の特別な現象）によるものか．その根本原因は除去可能か．
● 導入した個体群が孤立した単独個体群とならないように，大規模の個体群（あるいはメタ個体群）が生息できる生息地パッチを近隣に確保できるか．
● 個体群を増加させるためには，性比と齢構成はいかなるものであるべきか．

　復元事業を実行する前に，これらの課題を検討すべきである．さらに，生息地とニッチの条件が適切でないならば，再導入を行うべきではない．

1.2.1　課　題

　これまで飼育繁殖や再導入は成功を収めてきており，これらは野生絶滅に対する唯一の選択肢かもしれない．復元・保全事業計画における飼育繁殖と再導入には，重複する作業段階が多い（図1.5）．本項では，飼育繁殖・再導入・移送を計画する際に検討すべき課題について説明する．本項の内容は，Lacy（1994）の遺伝学的問題に関する議論を中心にしている．

a.　目標

　飼育繁殖計画の目標とは，種・亜種・その他定義された分類単位の動物個体群を野生下で存続させることである．この目標を達成するには次のことが要求される（DeBoer, 1992）．

● 絶滅を防ぐために，定められた期間中，一定基準の遺伝的多様性と個体群統計学的な安定性を保ちながら，絶滅の恐れのある動物を増加させ

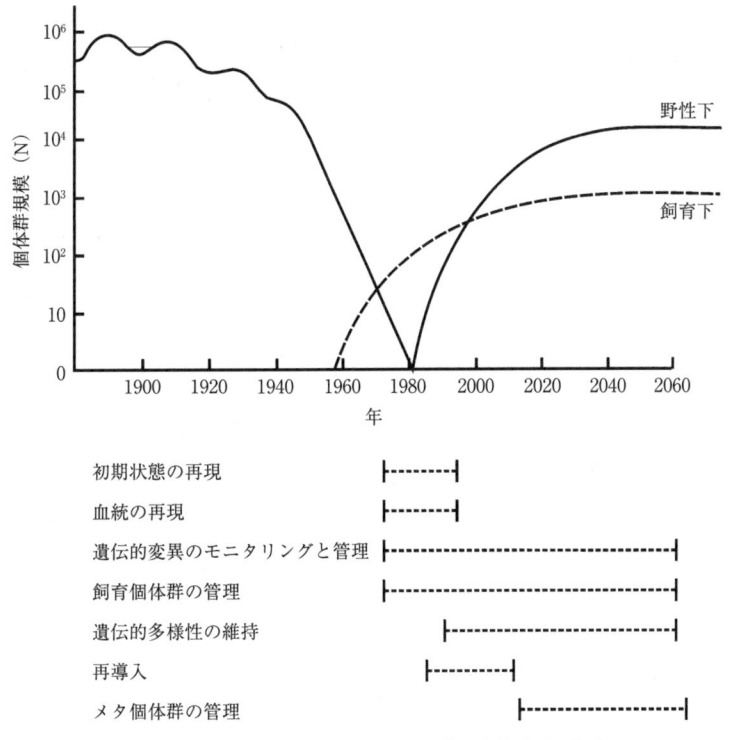

図1.5 ある野生動物の飼育繁殖計画と復元事業計画の年表.
(Mace et al. (eds.), "Conserving Genetic Diversity with the Help of Biotechnology-Desert Antelopes as an Example," Figure 1. Pages 123-134 in H. D. M. Moore et al (eds.), *Biotechnology and the Conservation of Genetic Diversity.* Copyright 1992, The Zoological Society of London. Reprinted by permission of Oxford University Press)

管理すること.
- 野生下でこれらの動物を存続させるために，飼育個体群および野生個体群の管理を目的とした保全戦略の一環として飼育計画を導入すること．この場合，飼育個体群は野生個体群の再定着・補強・再創出のために使用される．
- 希少種または絶滅危惧種を野生下で存続させるために必要な環境教育を実施する目的で，単独で存続できる飼育個体群を維持・確立させること（図1.6）．

種にかかわらず，これらの目標を達成するためには一定の条件が必要である．

- 飼育状況下で，各個体の十分な寿命と肉体的・生理的・精神的健康が保証されなければならない．これには，対象種に焦点を絞った飼育技術と医学的・生物学的知識・研究が必要となる．
- 繁殖つがいあるいは集団のレベルで，何世代にもわたってその存続が保証されるように，繁殖させていかなければならない．そのためには，繁殖に関する生物学・行動学・その他の関連事項について，各々の対象種に関わる知識や研究が必要である．
- 個体群レベルで，可能な限り野生下の個体群構造に近い状態で遺伝子が保護されなければならない．

b. 遺伝的保全

飼育繁殖・再導入・移送の結果，深刻な遺伝的問題（近親交配，ボトルネック）が生じるかもしれない．しかし，脊椎動物の場合，復元事業後の

図1.6 ハワイのサンディエゴ動物協会ケアウホウ鳥類センターは，野生復帰を目的としてハワイガンを飼育繁殖している．(写真提供：サンディエゴ動物協会)

世代数が短いため，遺伝的問題が管理計画の期間内にすぐに表面化することはないだろう (Ramey et al. 2000)．

　個体群を飼育下におくことで，復元に影響を与える2つの遺伝的変化が生じる．1つは淘汰で，野生下での生存に重要であっても飼育下では非適応的な対立遺伝子が失われる可能性がある．もう1つは遺伝的浮動（ライト効果）で，適応的遺伝子・非適応的遺伝子の双方の対立遺伝子が失われる可能性がある．飼育繁殖において，各後続世代は前の世代からのサンプルに過ぎないということに注意しなければならない．つまり，再導入のために用意された飼育個体群の遺伝子プールは，飼育下で世代を重ねてもそれ以上多様にはならないのである．希少な対立遺伝子は遺伝的浮動によって消失する可能性が高い．

　再導入個体の遺伝子保存のためには，適応的遺伝子・非適応的遺伝子の両方の変化が最小になるように飼育管理しなければならない．飼育個体群の遺伝子変化を最小にするために必要とされる有効集団サイズについては，多くの議論がなされている (Moore et al. 1992；Lacy 1994；and Gibbons et al. 1995 を参照)．「短期的な繁殖計画においては最少50個体，長期的繁殖計画においては最少500個体を確保すべきである」という50/500則と呼ばれる提案がある．長期的には最少500個体という基準には，遺伝的浮動によって対立遺伝子が失われる速さと同じペースで遺伝的変異を生じさせ，ヘテロ接合子を保存することで，新たな突然変異の発生を可能にできるという論理的根拠がある．有効集団サイズ（Wright 1931）という概念は，遺伝的理想集団（任意交配を行う集団）と実測集団では遺伝的浮動が生じる速さが同じであると仮定している．遺伝的浮動の速さは，親世代から子世代への遺伝子頻度の変化によって計測できる．しかしながら，遺伝的浮動や飼育環境に対する淘汰があろうと無かろうと，飼育繁殖の第一の目的はすべての進化による遺伝子の変動を最小化し，飼育個体群を維持することである．50/500則とは異なり，供給源（野生）の個体群

の少なくとも90%の遺伝的変異を飼育下で維持すべきとする規則も提案されている（Lacy 1994）. Ramey et al.（2000）は，深刻な遺伝的ボトルネック（遺伝的多様性の急激な減少）が起こった場合，この提案には正当性があると指摘している．すなわち，10個体よりも少なく，他の異系集団と遺伝子交流がない場合でも有効集団サイズと定義されるのである．後述するが，10個体程度で再導入や移送が成功した事例もある.

遺伝的変異には多くの関連概念があり，遺伝的に決定される形態や行動（表現型）の変異，染色体構造の変異，遺伝子の分子生物学的変異，対立遺伝子の変異，そして遺伝子のヘテロ接合子の割合といったものが含まれる．ある動物個体の表現型は，その身体的能力や適応度を決定する．つまり，表現型の量的な遺伝的変異は，再導入における遺伝子管理を設計する上で重要である．しかし，実際の遺伝子管理では，分子遺伝学的変異を根拠とした理論的モデルや原則，換言すれば，個体群内の遺伝的変異があるか否か（個体あたりの遺伝的変異の平均値や期待値）にばかり大部分の関心が注がれている.

ヘテロ接合性は，個体群内の個体内および個体間の遺伝的多様性と関連がある．平均的な個体のヘテロ接合子に占める遺伝子座の割合は，普通，ヘテロ接合観察頻度として表現される．個体群から無作為に導かれた2つの相同遺伝子が異なる対立遺伝子である確率はヘテロ接合期待頻度，あるいは遺伝子多様度として表現される．上述の遺伝的多様性90%維持という指針は，ヘテロ接合期待頻度を用いたものであり，多くの管理計画がヘテロ接合度期待頻度を遺伝的変異性の指標として用いてきた．結局，個体群が持つ適応の幅は，変異量次第である．それ故，個体群の長期存続の際に，対立遺伝子の多様性が重要になるのである（Lacy 1994）.

c. メタ個体群構造

ほとんどの野生個体群はメタ個体群構造をなす多くの準個体群に細分化される．このようなメタ個体群構造は飼育繁殖にも利用可能である．様々な環境に飼育個体群を分散させることは，遺伝的変異を減少させる淘汰を避け，遺伝的多様性を増加させる淘汰を強めると考えられる．分散によって，個体群は感染症やその他の大惨事から守られる．完全にあるいは部分的に孤立する個体群は異なる遺伝的特性を持つ傾向があり，その特性が失われる可能性が強いことも否めない．複数の準個体群からなるメタ個体群は，自由に任意交配が行われている単一の大きな個体群と比較して，より大きな遺伝子多様度（ヘテロ接合子期待頻度）と対立遺伝子の多様性を維持できると考えられる（Lacy 1994）．メタ個体群構造の管理が難しいことは言うまでもないが，小規模の準個体群は絶滅の危機に瀕しており，長期的に多大な管理努力が必要である（Mace et al. 1992）.

個体群をいくつかの小規模個体群に分割することには，大きなリスクを伴う．それぞれの孤立した個体群に属する個体は，交配相手の選択幅が狭く，遺伝的浮動が起こる可能性があるために，遺伝的に類似した個体間で交配することが多くなるからである．しかし，近親交配による弊害が深刻でないならば，孤立個体群から抽出した個体を混成して再構築した大きな個体群は，個体群が分割されなかった場合に比べ，より大きな遺伝的変異と，より高い適応度を保持していると予測される．個体群間で世代あたりおよそ1個体を移動させることで，通常，過度の近親交配を避けることができる．ただし，個体群を分割させることで得られる全体的な遺伝的変異の維持効果は損なわれてしまう．もし，世代あたり5から10個体を移動させると，準個体群間の遺伝的差異が大幅に軽減される．そのため，メタ個体群は自由交配集団と何ら変わらなくなる．個体群構造を管理する上

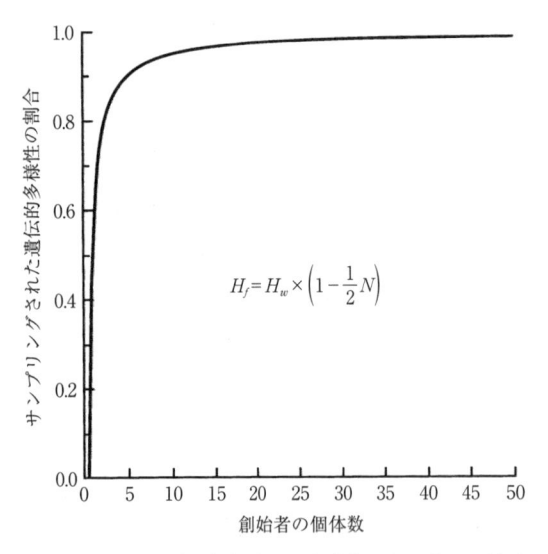

図 1.7 ある野生個体群 (H_w) から無作為にサンプリングした創始者 (H_f) が示す遺伝的多様性の割合（ヘテロ接合度期待頻度）．
(R. C. Lacy, "Managing Genetic Diversity in Captive Populations of Animals," Figure 3.2. Pages 63-89 in M. L. Bowles and C. J. Whelan (eds.), *Restoration of Endangered Species: Conceptual Issues, Planning, and Implementation.* Copyright 1994, Cambridge University Press. Reprinted with the permission of Cambridge University Press)

グラフ中の式: $H_f = H_w \times \left(1 - \frac{1}{2N}\right)$

で賢明な方法は，人為に由来する絶滅や分断化が発生する以前の状態，つまり野生個体群に通常生じる（あるいは野生個体群の特性を十分に検証した上で得られた）孤立の程度を模倣することである（Lacy 1994）．

　個体群を分割するか，もしくは分割しないかという選択は，必ずしも二者択一ではない．長期的な繁殖計画では，一時的に個体群を分割することが，遺伝的多様性の管理手段となることもある．上述のように，単一の場所で飼育個体のすべてを維持することは好ましくない．

1.2.2 飼育繁殖

　Lacy（1994）は，飼育繁殖の手順を以下の3段階に分けて明示している．第一は飼育計画のために野外で野生動物を捕獲する段階（創始段階），第二は飼育個体群をできる限り創始段階から増やす段階（成長段階），第三は個体群を飼育の収容力に見合うように維持し，収容力を上回る個体を再導入個体として利用する段階（飽和段階）である．各段階の要点を以下にまとめる．

a. 創始段階

　飼育繁殖計画の目標は野生個体群の遺伝的組成を模倣することである．しかし，飼育計画は，他の計画（例えば生息地復元，捕食者などの制限要因の除去）が失敗した場合の最終的な手段として行われることが多い．このような場合には，本来持っていた遺伝的変異は，おそらく既に失われているだろう．残存する野生個体群の規模に関わらず，安易に捕獲しやすい個体だけを飼育個体として利用するのではなく，無作為に様々な遺伝子を持つ個体を入手できるように注意すべきである．ただし，遺伝学に基づいて飼育個体を入手することと，残存する野生個体群の生息分布全域から個体を無作為に入手することとは必ずしも同じではない．遺伝的変異を適度に確保するためには，野生下での遺伝的変異組成を知る必要がある．もしその情報がないならば（多くの場合そうであるが），飼育候補となる個体は個体群動態や社会構造の観察データに基づいて決められることになる．例えば，もし個体識別（鳥の足輪や大型動物の首輪など）がなされているなら，血統に関するデータが利用できるし，特定の血統からの飼育個体を過剰に入手することを防げる．血統を把握できていない場合は，飼育個体の入手先が孤立集団だけにならないように注意しなければならない（若齢個体の分散が十分に起こっていない孤立集団では，近縁度が高い可能性がある）．

　野生個体群に存在するヘテロ接合子を可能なかぎり多く得るためには，適切な創始個体数を必要とする．例えば，数個体を飼育個体に追加しただけでは，新たなヘテロ接合子が加わることはほとんどない．そのため，まったく血縁関係のない個体を少なくとも20個体ほど無作為にサンプリングすれば，創始個体のヘテロ接合度は期待値約

97%となる（図1.7）．創始者個体群の遺伝的変異が低いと，再導入個体に適した飼育個体群を生み出すことができないため，野生個体群の復元は難しくなる．しかし，特定の対立遺伝子が創始者個体群に含まれる可能性は，個体群内におけるその対立遺伝子の出現頻度によって決定される．ある対立遺伝子が創始者個体群内に存在する確率を高めるためには，創始者の数を増やす必要がある．また，希少な対立遺伝子を望むならば，創始者個体が多数必要となる（図1.8）（Lacy 1994）．

　血統分析は，複数世代で構成される個体群を対象とした遺伝学的研究と定義される．血統が既にわかっている場合，血統が論理的に推定できる場合，あるいは血統をモデル化できる場合に血統分析は用いられる．血統分析では，血統関係によって個体群に継承される遺伝子構成を明らかにすること，そして個体群を長期的に保護する場合に必要となる遺伝子構成を調べることが主な目的となる（Lacy et al. 1995）．現在の研究手法は以下の3つに区分される．1つ目は完全に血統が把握できている集団を対象に遺伝子型の発生確率を数理的に解析すること，2つ目はわかっている範囲の個体群構造に基づいて考えられる血統関係をシミュレーションすること，3つ目は個体群内の遺伝子の継承プロセスを幅広く説明できるような関係式を作ることである．ある集団で血統関係が不明な箇所がたった1つあるだけで，遺伝的に重要な個体が明らかにできない可能性がある．血統分析の対象は，血統が部分的に明らかになっている集団，あるいは個体群構造や個体群動態が十分に把握されている個体群に限定されるであろう．また，不確実性の高いデータを用いて分析する推定法もあり，複数の方法を用いて結果の精度を高めることもできる（Lacy et al. 1995）．

b. 成長段階

　野生個体群から創始者個体を無作為に入手したとしても，わずかな子孫しか残さない創始者個体

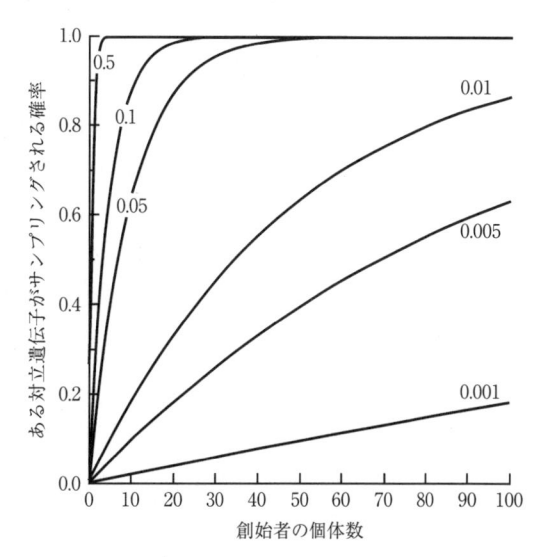

図1.8 野生個体群におけるある対立遺伝子の出現頻度が 0.001, 0.005, 0.01, 0.05, 0.1, 0.5 と変化した場合に，その対立遺伝子が少なくとも1回は創始者から無作為にサンプリングされる可能性．
(R. C. Lacy, "Managing Genetic Diversity in Captive Populations of Animals," Figure 3.2. Pages 63-89 in M. L. Bowles and C. J. Whelan (eds.), *Restoration of Endangered Species : Conceptual Issues, Planning, and Implementation.* Copyright 1994, Cambridge University Press. Reprinted with the permission of Cambridge University Press)

もあり，特定の対立遺伝子が飼育個体群から失われる可能性がある．創始者個体が残す子孫の数が不均衡である場合には，子孫を均衡にするという目標と飼育個体群を最大まで成長させるという目標の間にジレンマが生じる．飼育個体群の遺伝的多様性を保つ個体の存在を無視すると，ヘテロ接合度の減少に繋がる．

　飼育個体群の遺伝子組成が変化することは避けられないので，飼育計画の初期目標が達成される前に，飼育個体の野生放逐を考えることも多い．しかし，飼育個体群が成長段階にある間に，放逐を行うことは賢明な策とはいえない．飼育下で生まれた余剰な個体を放逐することは飼育個体群にとって有害ではないとする意見には，少なくとも2つの問題点がある．第一に，最終目標は野生個体群の復元であって，個体数の豊富さと遺伝子の多様性の両方を確保することである．したがっ

て，余剰個体の放逐は，すでに変化している野生個体群の遺伝子構成を一層歪めてしまう可能性がある．第二に，保全の根本的な目標は対象種の絶滅を防ぐことである．したがって，余剰個体を利用して，初期の創始者個体群とは独立した個体群を創設する（つまり新たな飼育個体群を創設する）ことで，再導入における飼育個体群の有効性を明らかにする方が賢明であろう．実際に放逐される飼育個体が少なかったとしても，二点目の問題は重要である．中心的な創始者個体群が壊滅的に消失した場合でも，余剰個体が存在することで有効な飼育個体の確保が保証される．また，別の選択肢として，余剰個体を除去する，あるいは様々な行動学的・生態学的試験に供試するということも考えられる．

c. 飽和段階

飽和段階は，飼育下で理想的な遺伝子組成を持つ個体の数が収容力の限界に達した時点で実現する．その目標とは，野生放逐を実施するまでの間，飼育個体群の健康と望ましい遺伝子組成を維持することである．飼育個体群から失われてしまった対立遺伝子は，野生個体を入手するか，突然変異の発生を待つかしか，それを補充する術はない．しかし，遺伝的浮動や飼育環境下における淘汰によって創始者個体の持っていた対立遺伝子の出現頻度が不均衡になることがある．そのため，固有遺伝子や希少遺伝子を持つ可能性が高い個体と優先的に交配することで，それを部分的に改善できる．なぜなら，遺伝子の重複率が最も低い個体同士を交配させることで，ヘテロ接合度は最大となるからである．以下は，Lacy（1994）が示した飼育繁殖計画における遺伝的変異を最大に保つための注意点である．

- 任意交配させる
- （例えば，異父母兄弟間かそれより近い関係の）近親交配を回避する
- 近親交配を回避するための循環的な交配計画を策定する
- 血族の規模を平均化する
- 創始者の貢献度を平均化する
- 特異な対立遺伝子を保有する可能性が最も高い個体と優先的に交配させる
- 平均近縁度が最も低い個体と優先的に交配させる

Lacy は平均近縁度に基づく交配の優先順位付けを重視している．しかし，固有の対立遺伝子を持つ可能性が最も高い個体を選択して交配させたり，近親交配を回避するための循環的な交配計画を利用したりすることで，同等の結果が得られる．どのような技術を使うにせよ，生存能力のない個体や不妊個体が生まれる可能性が高いので，非常に近い血縁関係を持つ個体間の近親交配は避けるべきである（Moore et al. 1992；Kalinowski et al. 2000；Ramey et al. 2000）．

創始者個体群が持つ遺伝的変異の消失を最小化するためには，子孫世代の中で最も産仔数が少なかった創始者個体の子孫を優先して交配することになる．継承された創始者個体の遺伝的な価値という単一の基準から，個体が持つゲノムの重要度を完全に説明できるわけではない．しかし，近縁度はヘテロ接合度を最適に維持するための遺伝的順位の指標となる（Lacy 1994）．

ヘテロ接合度を最大化させるということは，通常（ただし絶対ということではない），対立遺伝子の多様性を最適化することを意味する．固有対立遺伝子や希少対立遺伝子を持つ個体は，他の遺伝子座や相同染色体上に共通性の高い対立遺伝子を持つ可能性がある．このような個体と通常個体とを交配させると，固有遺伝子や希少遺伝子が個体群内に広まるが，継承頻度は高くないので結果的にヘテロ接合度を減少させる可能性がある．しかし，彼らを交配に用いないと希少対立遺伝子が

消失する恐れもある．希少対立遺伝子を維持させるためには2つの方法が考えられる．1つは，各個体が持つ固有遺伝子や希少遺伝子の割合をシミュレーションによって明らかにする方法である．もう1つは，固有遺伝子の生起確率を明らかにする方法である．対立遺伝子の多様性保存とヘテロ接合度の保存というジレンマを解消するためには，次のような手法が必要となる．それは，子孫個体の対立遺伝子が創始者個体の希少遺伝子と普通の遺伝子の組み合わせとならないように，遺伝的に価値の高い（固有遺伝子や希少遺伝子を持つ）雌雄同士を交配するという手法である．つまり，最も優れた遺伝子管理とは，平均近縁度の最も低い個体同士を交配すること，希少対立遺伝子や固有の対立遺伝子を持つ確率の高い個体同士を優先的に交配すること，そして極めて近縁の個体同士を交配しないことである（Lacy 1994）．当然のことながら，繁殖つがいの相性が悪かったり，不意の事故で死亡したりするなど，目標達成を妨げる問題が飼育下では数多く存在する．

飼育個体群内の平均近縁度を低く抑えるためには，成熟した子孫世代の繁殖個体を用いるより，創始者個体間の繁殖を継続させる方が望ましい．子孫個体はその両親の遺伝子を部分的に持っているに過ぎないので，創始者個体よりも低い平均近縁度を持つことはない（つまり，血縁関係のない個体に対する平均近縁度は，親個体でも子孫個体でも変わらない．一方，創始者である親個体同士の血縁関係はほとんどないが，子孫個体の遺伝子の半分は親個体と共有しているので，子孫個体の平均血縁度は創始者個体よりも必然的に高くなる）．創始者個体が死亡あるいは繁殖不能になった場合のみ，繁殖個体を子孫個体に交代させれば遺伝的なメリットは多くなるだろう．この結果，遺伝的浮動は世代が替わる時に生じ，対立遺伝子は繁殖不能と成った場合，あるいは死亡する時のみ失われることとなる．理想的な遺伝子管理は，最初に野生から捕獲した創始者個体を失わないようにすることである．

1.2.3　再導入

かつての生息地に野生動物を復活させることは，ある地域の自然復元を促進する一手段である．しかし，導入個体の持つ遺伝子や再導入地がその動物に適しているかどうか（生息地の状態，捕食者あるいは競争者の存在）など，再導入を成功に導くための課題は多い．飼育下で繁殖させた動物を利用することに加えて，ある場所から別の場所に野生動物を移動させること（移送）も再導入に利用される一般的な技術である．復元事業の一環として行われている野生動物の再導入技術について，以下で検討する．

a. 飼育個体群の特徴

どの個体を再導入に利用するかは，野生動物の復元計画を成功に導くために重要である．再導入個体の死亡率が高い場合には，飼育個体群の遺伝的必要性を鑑みて，余剰個体だけを放逐すべきである．これが，上述した飼育個体群の遺伝子組成に着目する理由である．実際には，飼育下で最も多産な血統から生まれた個体が，最初の放逐対象となる．再導入個体が望ましい水準まで生き残れば，異なる血統の個体間で交配が起こることで，再定着した（あるいは増加した）放逐個体群の遺伝子組成が多様化するだろう（Lacy 1994）．

b. 再導入地の評価

放逐個体の生存が，再導入計画の初期段階の成功の鍵を握っているということはいうまでもない．しかし，長期的には，放逐個体が生存するだけでなく，繁殖する必要がある．したがって，良質の生息地に個体が放逐されるならば，計画の成功率は高まる．以降の章，特に第2章で生存や繁殖を成功させる要因について議論している．

生存や繁殖に関わる資源は，導入地で利用できなければならない．したがって，再導入計画にお

表1.1 スペリオル湖西部における森林性カリブーの復元を成功させる際に考慮すべき制限要因

場所	捕食者		競争者（オジロジカ）	
	1000 km² あたりのオオカミの個体数	アメリカクロクマ	密度	脳寄生虫への感染
A	15	未確認	低	44～60%
B	30	生息	高	90%以上
C	20	不在	不在	—

(From P. J. P. Gogan and J. F. Cochrane, "Restoration of Wildlife Caribou to the Lake Superior Region," Table 9.3. Page 235 in M. L. Bowles and C. J. Whelan（eds.）, *Restoration of Endangered Species*: *Conceptual Issues, Planning, and Implementation*. Copyright 1994, Reprinted with permission of Cambridge University Press)

ける重要な手順として，対象動物の生存や繁殖に影響する主要因を明らかにし，導入地におけるそれらの状況を把握しなければならない．表1.1は森林帯に生息するカリブー（*Rangifer tarandus caribu*）に関する再導入地の簡単な評価基準である．この基準には，生息地の主要因（生息地の質）だけでなく，カリブーの生存や繁殖の制限要因である捕食者（オオカミの密度）と競争者（シカの密度）等も含まれていることに着目してほしい．

1.2.4 移送

移送とは，ある地域から他の地域へ，人間の手によって野生動物を移すことである．基本的には，準個体群を新たに創出したり，個体数の増加や遺伝子組成の操作によって準個体群を存続させたりする目的で用いられる．成功の程度は様々であるが，移送は有蹄類個体群の保全でよく利用されてきた．在来の狩猟対象種の移送を成功させるには，20～40個体の創始者数で十分と見なされている（Gogan and Cochrane 1994）．もちろん，成功率は移送先の新たな生息地の環境に左右される（詳細は第2章参照）．つまり，物理的環境や生息地の状況が，その種にとって好ましい状態にあることが不可欠である．また，資源が量的・質的に十分存在し，かつ移送された個体がそれを利用可能な状態にあることも必要である．したがって，資源利用を制限する表面的問題と潜在的問題（捕食者・競争者・人間の攪乱）の双方が，移送計画の実施に先立って慎重に分析されていること

が必要である．これらの条件は，飼育繁殖個体を放逐する際も同様である．

野生動物の有効な捕獲手段（罠・くくり罠・捕網・不動化薬品）は多数存在するが，この節では特に扱わない（第6章参照）．ある種に特異的な捕獲技術については，すでに十分に議論されている（Bookhout 1994；Heyer et al. 1994；Wilson et al. 1996）．動物捕獲後は，拘束時間をできる限り短くする必要がある．種が異なれば（あるいは同種であっても個体が違えば），捕獲・移動・処理に対する反応も異なる．しかし，捕獲によって動物が行動的・生理的な苦痛を受けることは間違いない．重ねていうが，捕獲個体の苦痛を最小化し，生存率を向上させる捕獲技術は種によって異なる．移送計画には対象種の苦痛を軽減するために訓練された獣医師の協力が不可欠である．

動物の放逐技術には，ソフトリリースとハードリリースがある．ソフトリリースでは，様々な行動的・生理的理由から，一定期間（数日～数ヵ月）捕獲個体を飼育下におく．場合によっては実験室等で飼育することもあるかもしれないが，実際に放逐する場所やその近隣に設置した檻や柵の中で飼育するのがより一般的である．ソフトリリースのメリットは，動物が放逐場所の環境に順応し，観察者が放逐に先立って動物の状態を監視できるという点である．当然，食料やその他必要となる資源を供給しなければならないため，人間と捕獲個体の接触機会は増すことになる．したがって，飼育中は，人間に対する馴化を防がねばならな

表1.2 ソフトリリースおよびハードリリースを用いた際のスウィフトギツネの生存率

方法	発信器装着個体数	生存率		
		6カ月まで	12カ月まで	24カ月まで
ソフトリリース	45	55%	31%	13%
ハードリリース	155	34%	17%	12%

(From L. N. Carbyn et al., "The Swift Fox Reintroduction Program in Canada from 1983 to 1992," Table 10.2. In M. L. Bowles and C. J. Whelan (eds.), *Restoration of Endangered Species : Conceptual Issues, Planning, and Implementation.* Copyright 1994. Reprinted with permission of Cambridge University Press)

い．ソフトリリースは飼育繁殖計画において頻繁に利用されている．例えば，カナダのスウィフトギツネ（*Vulpes velox*）の復元計画では，プレーリーに設置された放逐檻（3.7 m×3.7 m）で，1ヵ月から8ヵ月間つがいで飼育した．対象となったつがいは10月あるいは11月に檻に入れ，繁殖期（1月あるいは2月）まで飼育した．つがいが子を出産しなかった場合には翌春に，出産した場合にはその子とともに夏か初秋に放逐した（Carbyn et al. 1994）．

ハードリリースでは，動物は捕獲場所（あるいは飼育場所）から運ばれた後，順化を行わず放逐される．ハードリリースのメリットは，飼育に伴う苦痛を排除できるという点である．前出のスウィフトギツネの例で考えると，つがいは放逐檻に入れず，移送後直接野外に放逐される．ソフトリリースされた個体は初めこそ高い生存率を示したが，24ヵ月後の生存率はハードリリースの場合と差がなかった（表1.2）．ハードリリースは成功率が高く，（飼育費用がかからないため）費用対効果も高いので，カナダのスウィフトギツネの復元計画はハードリリースのみで行なわれた．Carbyn et al.（1994）は，スウィフトギツネの再導入において，再導入地にその種が占有できるニッチが空いているかという点と，最小生存可能個体群を確立できるかという点の見極めが必要であったとしている．再導入や移送の計画の有無にかかわらず，復元事業の成功は基本的に対象種の生息地やニッチの状況に大きく影響される．

個体数増加を目的とした移送のもう1つの例として，カリフォルニアのオオツノヒツジ（*Ovis canadensis*）が挙げられる．元々オオツノヒツジの生息分布は断続的なものであった．多くのオオツノヒツジの個体群は，家畜由来の感染症や生息地破壊，そして過度な狩猟等の人為的影響によって，本来の生息域から根絶されてきた（Thompson et al. 2001）．オオツノヒツジの放逐には2つの方法が用いられた．1つは，捕獲場所から自動車で輸送し，山岳地域周辺でハードリリースする方法，もう1つはヘリコプターで空輸した後，自動車で輸送し，放逐前の数時間（6〜8時間），山岳地で屋内飼育を行う方法である．放逐場所からの個体の分散指数を用いることで，Thompson et al.（2001）は2つの方法の間に統計学的有意差がないことを示した（図1.9）．しかし，放逐後約1年間生き延びた個体は，ハードリリースでは70％，飼育後放逐ではわずか30％であった．Thompsonらは，飼育後放逐の個体では，移動時間が増加したことに加え，ヘリコプターの騒音が生存率を下げたと結論している．

捕獲後の拘束期間についてはともかく，動物の放逐方法はまだ発展途上の段階にある．たとえ同種あるいは近縁種であっても，常に優れた結果を出せる方法というものは存在しない．計画ごとに環境条件が異なることが不確実さの原因である．スズメ目の鳥類を対象にした再導入の場合，これまでの放逐技術に関する研究結果から，放逐の際に大型哺乳類の存在を考慮する必要はないと考えられてきた．例えば，絶滅危惧種のサンクレメントオオモズ（*Lanius ludovicianus mearnsi*）の飼

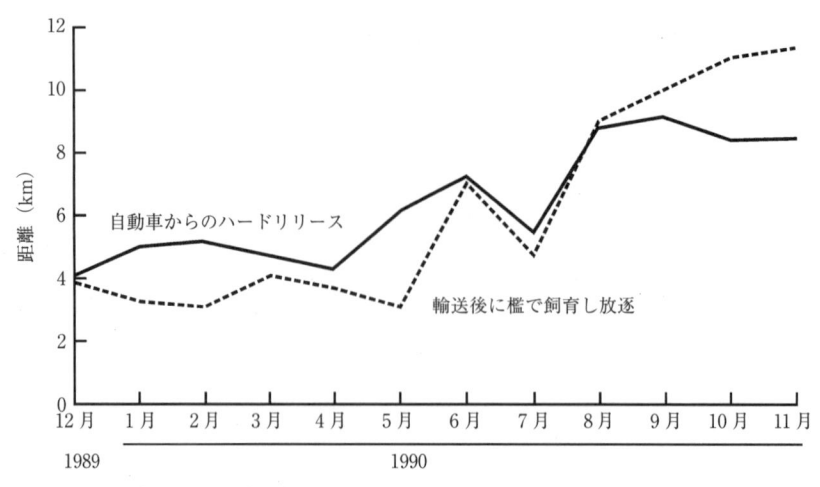

図1.9 1989年から1990年に行われたカリフォルニア州リバーサイド郡のチャクワラ山脈におけるオオツノヒツジ復元事業で，ヘリコプター輸送後に檻で飼育後放逐された個体（点線）と，自動車からハードリリースされた個体（実線）の月ごとの放逐場所からの平均距離（ある種の分散を示す指数）．
(Thompson et al., "Translocation Techniques for Mountain Sheep : Does the Method Matter ?" Figure 1. *Southwestern Naturalist* **46** : 87-93. Copyright 2001)

育繁殖および放逐計画は，スズメ目の鳥類の先駆的事例である（Morrison et al. 1995）．この計画では，成鳥を単独で放鳥する方法，放鳥に先立ちつがいを形成する方法，飼育下で育てた兄弟を一斉に放鳥する方法等，数多くの技術を試みた．しかし，外来の捕食者（ノネコ）の管理が，放鳥個体の生存に大きな影響を及ぼしていたことが明らかになった．結局，放鳥個体のためのニッチが野生下に残されているかという評価の方が重要なのである．同様に，絶滅危惧種であるハワイガラス（*Corvus hawaiiensis*）の放鳥計画では，ハワイノスリ（*Buteo solitarius*）（この種も連邦政府指定の絶滅危惧種）の攻撃が生存阻害要因となっていた．Singer et al.（2000）は，1923～1997年まで北米西部6州で実施されたオオツノヒツジの移送事業100例の成否を検証した．その結果，不成功が30例，比較的成功したものが29例，成功が41例あったと報告している．それによると，オオツノヒツジの生息地域の6km以内に家畜のヒツジがいる場合には，移送の成功率が下がるということが明らかになった．

捕食による死亡は，再導入や移送を失敗させる主要因である．飼育期間中あるいは進化の過程のいずれにおいても，捕食者から隔離された動物は適切な対捕食者行動をとれない可能性がある．Griffin et al.（2000）は，飼育繁殖あるいは移送された動物が補食から逃れるための訓練に関して調査し，放逐前の訓練によって対捕食者行動が発達すると結論している．捕食者の模型を用いて，それが忌避すべき対象であることを動物に学ばせるという古典的な条件付けによる訓練技術もある．しかし，訓練技術には，依然として多くの問題が存在し，研究や事業設計を通してそれらを解決していかなければならない（Griffin et al. 2000 : table 1）．

1.2.5 現状把握と将来予測

野生動物の復元および管理手法として再導入や移送が世界中で注目を集めており，実施例も増えている．再導入はすべての脊椎動物の分類群で行われている．例えば，リクイグアナ（*Iguana pinguis*：エクアドルのガラパゴス諸島に分布）

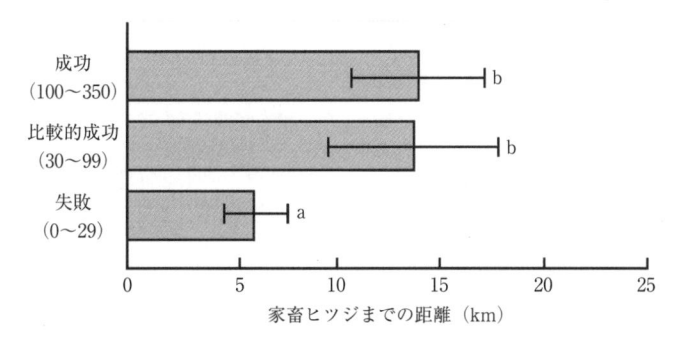

図1.10 1923〜1997年まで実施された北米西部におけるオオツノヒツジの移送の事例．棒グラフは放逐個体から近隣の家畜ヒツジまでの距離を示す．異なるアルファベットは統計学的有意差（$p<0.05$）を示す．
(Singer et al., "Translocation as a Tool for Restoring Populations of Big Horn Sheep," Figure 1. *Restoration Ecology* **8**：6-13. Copyright 2000. 再編許可：Blackwell Science.)

は，新たな個体群を予備的に創設する目的で西インド諸島に移送された．移送されたのはわずか8個体であるが，新個体群の創設に成功した（Goodyear and Lazell 1994）．絶滅が危惧されているカブトミツスイ（*Lichenostomus melanops cassidix*）はオーストラリア南東部に再導入された（Pearce and Lindenmayer 1998）．北米におけるハイイロオオカミ（*Canis lupus*）の移送事例は概ね成功を収めているが，多くの地域でその反対運動が起こっている（Fritts et al. 1997）．再導入や移送の評価や改善に関する文献が増えてきているので（Griffith et al. 1989；Trulio 1995；Hein 1997），有益な自然復元の手段としてこれらの技術を実践した事例はますます蓄積されていくだろう．同時に，特に小規模な準個体群から構成されるメタ個体群を対象に，遺伝子管理技術の開発や評価を進めていく必要がある（Lacy et al. 1995）．

ま と め

この章では，野生動物の復元事業を成功させる上で，個体群の構造が果たす重要な役割に着目した．どのような事業でも，対象種の地域的な分布に関する事前調査をせずに，事業を進めることはできない．野生個体群の事前調査に時間的・財政的制約がある場合には，無理な目標設定を防ぐために，対象種およびその個体群の生態に関して，専門家からの広く意見を求め，文献調査を十分に行うべきである．ごく稀に，こうした情報から事業地において対象種の定着が難しいということを知ることができるかもしれない．さらに，対象種が計画地域内で単に生存しているだけなのか，それとも持続的に生存し繁殖に成功しているのかを見極めなければならない．

野生個体群はメタ個体群構造をとることが多いため，大きな景観スケールから見れば，種が要求する生息地がパッチ状に分布していることがわかる．ある特定の復元対象地域や生息地パッチが他の生息地パッチとどのような関係にあるかを理解することは，復元事業を行う上で重要である．極端にいえば，対象種の準個体群を新たに定着させることができないような場所で復元事業を行う意味はない．同様に，復元対象地が他の準個体群からあまりにも離れている場合には，移送や再導入を行う意味はない．繰り返すが，個体群の維持には景観スケールの視点が必要である．

飼育繁殖・再導入・移送はいずれも，復元対象地域における動物個体群の定着（再定着）に有効な手段である．しかし，復元によって生まれた新たな個体群が復元対象地域に適応するという保証を得るために，まず野生個体群および飼育個体群の遺伝子組成を調べなければならない．成功事例もあるが，それ以上に失敗事例の方が多いのも事実である．飼育繁殖や再導入に関する分野は急速に進歩しているが，現時点で研究対象となっている種は依然として多くない．次章で扱っているように，復元対象地域に動物を導入する前に，種の生息地とニッチが好ましい状態にあるかを明らかにするための詳細な研究が必要である．

引用文献

Allen,S.H., and A.B. Sargeant. 1993. Dispersal patterns of red foxes relative to population density. *Journal of Wildlife Management* **57**(3): 526-533.

Ballou,J.D., M.E.Gilpin, and T.J.Foose (eds.). 1995. *Population Management for Survival and Recovery: Analytical Methods and Strategies in Small Population Conservation*. Columbia University Press.

Bleich,V.C., J.D.Wehausen, and S.A.Holl. 1990. Desert-dwelling mountain sheep: Conservation implications of a naturally fragmented distribution. *Conservation Biology* **4**: 383-390.

Bookhout, T.A. (ed.). 1994. *Research and Management Techniques for Wildlife and Habitats*. 5th ed. Wildlife Society.

Bowles,J.H., D.W.Mehlman, and G.C.Stevens. 1995. Spatial variation in abundance. *Ecology* **76**: 2028-2043.

Carbyn,L.N., H.J.Armbruster, and C.Mamo. 1994. The swift fox reintroduction program in Canada from 1983-1992. Pages 247-271 in M.L.Bowles and C.J.Whelan (eds.), *Restoration of Endangered Species: Conceptual Issues, Planning, and Implementation*. Cambridge University Press.

Chaney,R.W. 1947. Tertiary centers and migratory routes. *Ecological Monographs* **17**: 139-148.

Coblentz, B.E. 1990. Exotic organisms: A dilemma for conservation biology. *Conservation Biology* **4**: 261-265.

DeBoer,L.E.M. 1992. Current status of captive breeding programmes. Pages 5-16 in H.D.M. Moore, W.V. Holt, and G.N.Mace (eds.), *Biotechnology and the Conservation of Genetic Diversity*. Symposia of the Zoological Society of London, No.64. Oxford University Press.

Ehrlich,P.R., D.S.Dobkin, and D.Wheye. 1988. *The Birder's Handbook*. Simon & Schuster.

Fritts,S.H., E.E.Bangs, J.A.Fontaine, M.R.Johnson, M.K.Phillips, E.D.Koch, and J.R.Gunson. 1997. Planning and implementing a reintroduction of wolves to Yellowstone National Parks and central Idaho. *Restoration Ecology* **5**: 7-27.

Gibbons,E.F., Jr., B.S.Durrant, and J.Demarest. 1995. *Conservation of Endangered Species in Captivity: An Interdisciplinary Approach*. State University of New York Press.

Gilpin,M.E., and M.E.Soulé. 1986. Minimum viable populations: Processes of species extinction. Pages 19-34 in M.E. Soulé (ed.), *Conservation Biology: The Science of Scarcity and Diversity*. Sinauer Associates.

Gogans,P.J.P., and J.F.Cochrane. 1994. Restoration of woodland caribou to the Lake Superior region. Pages 219-242 in M.L.Bowles and C.J,Whelan (eds.), *Restoration of Endangered Species: Conceptual Issues, Planning, and Implementation*. Cambridge University Press.

Goodyear,N.C., and J.Lazell. 1994. Status of a relocated population of endangered Iguana pinguis on Guana Island, British Virgin Islands. *Restoration Ecology* **2**: 43-50.

Griffith,A.S., D.T.Blumstein, and C.S.Evans. 2000. Training captive-bred or translocated animals to avoid predators. *Conservation Biology* **14**: 1317-1326.

Griffith,B.J., M.Scott, J.W.Carpenter, and C.Reed. 1989. Translocation as a species conservation tool: Status and strategy. *Science* **245**: 477-480.

Hall,L.S., P.R.Krausman, and M.L.Morrison. 1997. The habitat concept and a plea for standard terminology. *Wildlife Society Bulletin* **25**: 173-182.

Hein,E.W. 1997. Improving translocation programs. *Conservation Biology* **11**: 1270-1271.

Heyer.W.R., M.A. Donnelly, R.W. McDiarmid, L.C. Hayek, and M.S. Foster (eds.). 1996 *Measuring and Monitoring Biological Diversity: Standard Methods for Amphibians*. Smithonian.

Kalinowski,S.T., P.W.Hedrick, and P.S.Miller. 2000. Inbreeding depression in the Speke's gazelle captive breeding program. *Conservation Biology* **14**: 1375-1384.

Lacava,J., and J.Hughes. 1984. Determining minimum viable population levels. *Wildlife Society Bulletin* **12**: 370-376.

Lacy,R.C. 1994. Management genetic diversity in captive population of animals. Page 63-89 in M.L.Bowles and C.J.Whelan (eds.), *Restoration of Endangered Species: Conceptual Issues, Planning, and Implementation*. Cambridge University Press.

Lacy,R.C., J.D.Ballou, D.Princee, A. Starfield and E.A. Thompson. 1995. Pedigree analysis for population management. Pages 57-75 in J.D. Ballou, M.Gilpin, and T.J.Foose (eds.), *Population Management for Survival and Recovery: Analytical Methods and Strategies in Small Population Conservation*. Columbia University Press.

Lande,R. 1987. Extinction thresholds in demographic models of territorial populations. *American Naturalist* **30**(4): 624-635.

Lande,R., and G.F.Barrowcolugh, 1987. Effective population size, genetic variation, and their use in population management. Page 87-123 in M.E.Soulé (ed.), *Viable Populations*. Cambridge University Press.

Levins,R. 1970. Extinctions. Pages 75-107 in *Some Mathematical Questions in Biology*. Lectures on

Mathematics in the Life Science. Vol.2. American Mathematical Society.

Mace, G.M., J.M.Pemberton, and H.F.Stanley. 1992. Conserving genetic diversity with the help of biotechnology-desert antelopes as an example. Pages 123-134 in H.D.M. Moore, W.V. Holt, and G.N.Mace (eds.), *Biotechnology and the Conservation of Genetic Diversity.* Symposia of Zoological Society of London, No.64. Oxford University Press.

Marsh,D.M., and P.C.Trenham. 2001. Metapopulation dynamics and amphibian conservation. *Conservation Biology* **15**: 40-49.

Moore, H.D.M., W.V. Holt, and G.M.Mace (eds.), 1992. *Biotechnology and the Conservation of Genetic Diversity.* Symposia of Zoological Society of London, No.64. Oxford University Press.

Morrison,M.L., C.M.Kuehler, T.A.Scott, A.A.Lieberman, W.T.Everett, R.B. Phillips, C.E. Koehler, P.A.Aigner, C.Winchell, and T.Burr. 1995. San Clemente loggerhead shrike: Recover plan for an endangered species. *Proceedings of the Western Foundation of Vertebrate Zoology* **6**: 293-295.

Morrison,M.L.,L.S.Mills, and A.J.Kuenzi. 1996. Study and management of an isolated, rare population: The Fresno kangaroo rat. *Wildlife Society Bulletin* **24**: 602-606.

Morrison,M.L., B.G.Marcot, and R.W.Mannan. 1998. *Wildlife-Habitat Relationships: Concepts and Applications.* 2nd ed. University of Wisconsin Press.

Morrison,M.L., L.S.Hall, S.K. Robinson, S.I.Rothstein, D.C.Hahn, and T.D.Rich (eds.), 1999. Research and management of the brown-headed cowbird in western landscapes. *Studies in Avian Biology* **18**: 204-217.

Nagorsen,D.W., and R.M.Brigham. 1993. *Bats of British Columbia.* University of British Columbia Press.

Office of Technology and assessment (OTA). 1993. *Harmful Non-indigenous Species in the United States.* OTA-F-565. 2vols. U.S.Congress, Office of Technology Assessment.

Pearce,J., and D.Lindenmayer. 1998. Bioclimatic analysis to enhance reintroduction biology of the endangered helmeted honeyeater (*Lichenostomus melanops cassidix*) in southeastern Australia. *Restoration Ecology* **6**: 238-243.

Ramey,R.R., II,G.Luikart, and F.J. Singer. 2000. Genetic bottlenecks results from restoration efforts: The case of bighorn sheep in Badlands National Park. *Restoration Ecology* **8**: 85-90.

Ruggiero,L.F., R.S.Holthausen, B.G.Marcot, K.B.Aubry, J.W.Thomas, and E.C.Meslow. 1988. Ecological dependency: The concept and its implication for research and management. *North American Wildlife and Natural Resource Conference* **96**: 197-126.

Soctt,T.A. 1994. Irruptive dispersal of black-shouldered kites to a coastal island. *Condor* **96**: 197-200.

Singer,F.J., C.M.Papouchis, and K.K.Symonds. 2000. Translocations as a tool for restoring populations of bighorn sheep. *Restoration Ecology* **8**: 6-13.

Soulé,M.E. 1980. Thresholds for survival: Marinating fitness and evolutionary potential. Page 151-170 in M.E. Soulé and B.A. Wilcox (eds.), *Conservation Biology: An Evolutionary-Ecological Perspective.* Sinauer Associates.

_____. 1990. The onslaught of alien species, and other challenges in the coming decades. *Conservation Biology* **4**: 233-239.

Thompson,J.R., V.C.Bleich, S.G.Torres, and G.P.Mulcahy. 2001 Translocation techniques for mountain sheep: Does the method matter? *Southwestern Naturalist* **46**: 87-93.

Trammell, M.A. and J.L.Butler. 1995. Effects of exotic plants on native ungulate use of habitat. *Journal of Wildlife Management* **59**: 808-816.

Trulio,L.A.1995 Passive relocation: A method to preserve burrowing owls on disturbed sites. *Journal of Field Ornithology* **66**: 99-106.]

Tyser,R.W., and C.A.Worley. 1992 Alien flora in grasslands adjacent to road and trail corridors in Glacier National Park, Montana (U.S.A.). *Conservation Biology* **4**: 251-260.

Wilson,D.E., F.R.Cole, J.D.Nichols, R.Rudran, and M.S.Foster (eds.). 1996. *Measuring and Monitoring Biological Diversity: Standard Methods for Mammals.* Smithsonian.

Wolf,C.M.B.Griffith,C.Reed, and S.A.Temple. 1996. Avian and mammalian translocations: Update and reanalysis of 1987 survey data. *Conservation Biology* **10**: 1142-1154.

Wright,S.1931. Evolution in Mendelian populations. *Genetics* **16**: 97-159.

2. 生息地

　「生息地（habitat）」は，現代の動物生態学の中で，数少ない統一された概念の1つとして考えられている．概念が統一された背景には，動物の生息の有無・個体数・分布・多様性と環境とを関連付けた近年の研究成果がある．それらの研究では，動物の進化史と適応度を説明するために生息地を扱っている（Block and Brennan 1993）．数多くの研究者が，野生動物と生息地との関係の重要性を強調し，実際に野生動物の生息地利用に関する研究に従事してきた（Verner et al. 1986の総説を参照；Bookhout 1994；and Morrison et al. 1998）．しかし，Hall et al. (1997) が指摘しているように，生息地利用に関する最近の研究や議論には，多義性や不確実性の問題点が生じている．その結果，研究者間の意思疎通を阻害し，調査に基づく施策を実行しようとする土地管理者や復元事業者を混乱させてきた．事業に関連する資料が混乱し矛盾に満ちたものである場合，復元事業者は，事業対象となる野生動物が必要とする資源を見出し，その復元を事業計画に組み入れることができない．

　野生動物と生息地との関係を研究するには，適切な空間的・時間的な配慮（研究設計）が必要になるという議論は多い（Wiens 1989a；Morrison et al. 1992；Block and Brennan 1993；Litvaitis et al. 1994；Bissonette 1997）が，この考えが広く浸透しているわけではない．人間による影響も含めて，対象とする動物が異なれば，動物と生息地との関係を理解するために必要とされる測定のスケールが異なることを，研究者は認識しなければならない（Wiens 1989a；Huxel and Hastings 1999）．例えばJohnson (1980) とHutto (1985) は，動物個体は階層的な空間スケールの各々プロセスにおいて，生息地選択を実施しているという考え方を提案している．つまり，個体は，第一に地理的スケールで生息地を選択し，第二に個体の活動範囲（すなわち行動圏）を選択し，第三に特定の場所すなわち行動圏内の特定要素を選択し，第四に特定要素内の資源獲得法を選択する，というプロセスである．Hutto (1985) は，地理的スケールにおける生息地選択は，おそらく遺伝的に決定されるだろうと考えている．Wecker (1964) とWiens (1972) は，より小さなスケールにおける生息地選択は，学習や経験に由来するものであり，個体自身の選択性が反映されることを示した．野生動物と生息地の関係はスケールによって明瞭に異なる可能性があるため，研究で着目するスケールの記述は必須である．そして，そのスケールを逸脱してデータからの推定を行ってはならない．Askins (2000) が指摘するように，野生動物の復元は，特定の植生タイプや繁殖地，食物資源に左右されるので，対象とする種に関する理解が不可欠なのである．

　時間的スケールに関して，研究を行った時期およびその期間について明示しなければならない．Morrison et al. (1998：168-172) は，あまりにも多くの研究者が資源利用の経時的変化を無視しているか，あるいはその変化を認識した上で，野生動物と生息地との関係に関する研究を他の事例にほとんど応用できないような短期間の研究デザ

インで行ってきた，と指摘している．また，長期間（数年，もしくは夏季，冬季）にわたる測定変数を，調査期間の平均値で示すことはよくあるが，これでは資源利用の差異や変動が曖昧になってしまう．したがって，復元事業計画において，ある季節（例えば冬季）あるいは通年を問わず，個々の種がその土地を利用するすべての期間を通じて必要とされる資源を考慮しなければならない．もしその種が定住性ならば，その種の資源要求の季節的変化を明らかにしなければならない（ある鳥類を例にとると，冬期には種子を，夏期には昆虫類を採餌するという具合に）．

野生動物を対象にした生態学および復元生態学を発展させるためには，その基本概念を十分に定義し，理解する必要がある．これにより，統一された用語を，科学的にかつ首尾一貫して使用することで，生態学者間の議論が改善されるだけでなく，管理者や行政官，一般市民との議論も改善されるため，我々の回答が混乱したり曖昧になったりすることはない．

Peters（1991：76）は，環境科学がより広範な応用を目指す際の，操作主義*的な生態学的概念について述べている．彼によると，例えば生息地といった概念は，その用語を使用する上（生息地を測定する上）での操作上の定義を持たなければならない．つまり，その用語が意味する特定の現象の範囲が，実用的で測定可能であるような定義が必要なのである．実際にはその定義が将来的に変化することも考えられるが，その概念が科学的に有効なものであるならば，利用者が首尾一貫して活用できる実測可能な定義を用意しなければならない．

Block and Brennan（1993）と Hall et al.（1997）は，専門用語としての「生息地」の定義がしばしば曖昧であることを非難している．種と環境との関係性を示す生息地という用語が対象とする範囲が，景観スケールとしての植生区分から，種が直接利用する詳細な物理的環境まで，あまりにも広範に及ぶからである．このような傾向は，野生動物を対象にした科学においては珍しくない．生息地に関連する事項に関して，事業関係者間の効率的な意見交換を困難にさせるという意味で，曖昧でしばしば変化する用語の定義は非生産的である．

生態学者は生息地利用・生息地選択・生息地選好性・環境収容力といった（一見類似した）様々な生息地の評価用語を用いるため（Wiens 1984：398），明確な定義を欠くと，専門分野内や専門分野間のそれらの比較が著しく困難になる．標準的な定義が用いられることがあまりにも少ないため，それを規定することを簡単にあきらめてしまう著者すらいる（Verner et al. 1986：xi）．しかしながら，生息地に関連する用語（例えば，群集・生態系・生物多様性）の普及と同様に，野生動物学・復元生態学・保全生物学に関する文献の中での生息地という用語の普及をみると，これらの用語に対し標準的な定義を与える必要があると考えられる．もし復元事業者や他の資源管理者が，自身の計画に新しい考えを組み入れる必要があるならば，自身の研究結果が他分野の人にとってわかりやすく，利用しやすくなければならない．

Hall et al.（1997）は野生動物と生息地との関係について議論した野生動物や生態学の著名な学術雑誌や教科書を概説し，生息地とそれに関連する用語の使用法とその整合性を調べた．彼らが概説した 50 文献のうち，47 文献が生息地という用語を使用していた．これらの 47 文献のうち 5 文献（11%）でのみ，生息地が適切に定義されていた（すなわち，種固有の関係性を有する場として）．47 文献のうち 34 文献（72%）では，この用語の定義が曖昧（定義がない，もしくは植物群

（訳注）**操作主義**： 実際の測定や観察を通じて，科学的な概念を客観化しようとする立場

集などと部分的に混同）であった．47文献中，8文献（17％）では誤用（定義がなく，植物群集などと完全に混同）していた．誤用が最も多い用語は生息地タイプであり，Daudenmire（1968）による最初の定義に従って用いられたのはわずか一例にしかすぎなかった．

2.1 定　　義

この章で示す生息地の定義は，Block and Brennan（1993），Hall et al.（1997），Morrison et al.（1998）に基づいている．彼らの定義は，Grinnell（1917），Leopold（1933），Hutchinson（1957），Daubenmire（1968），Odum（1971）といった生態学者の原案に準拠している．本章では，焦点を当てている生息地に加え，ニッチや景観，資源という用語についても論じる．これらの用語は野生動物や復元生態学の分野では頻繁に用いられるため，ここでその定義を再考する．

2.1.1 生息地

生息地は，「ある生物種の占有に影響を及ぼす地域内の資源および状態」と定義する．生息地は生物特有のものであり，動植物種，個体群あるいは個体の存在と，その地域の物理的・生物的な特徴を関連付けるものである．生息地には，植生もしくは植生構造以外の要素も含まれ，種にとって必要な資源の集合体ともいえる．種の生存能力に影響を与える資源が供給される場所は，どこでも生息地といえるのである．季節的移動や分散で使用されるコリドー，繁殖期・非繁殖期に動物が占有する土地などはすべて生息地である．したがって，生息地は生息地タイプと同義ではない．生息地タイプとは，ある地域における植物群集のタイプ，もしくは特定の極相段階に達する潜在植生のみを示すDaubenmire（1968：27-32）の造語である．生息地は，その地域の植生（例えばマツ-ナラ林）より大きな意味を持つ．生息地タイプという用語は，野生動物と生息地の関係を論じる際には用いるべきではない．私たちが動物の利用している植生のみを表したい時は，代わりに植物群集もしくは植生タイプというべきである．

生息地と生息地タイプを混同することによって，野生動物に適した地域をどのように復元するかに関して一般的な誤解を招く原因となっている．もし生息地が種に固有のものならば，陸地のあらゆる場所に数多くの生息地が存在し，それぞれが特定の種と対応する．したがって，地域をまたがって俯瞰すると，質の異なる多数の生息地がそこにあることになる．このように生息地を種固有のものとして定義することは，極めて重要である．なぜなら，復元された植生が，ある動物種の生息地の望ましい状況に適合していたとしても，それだけでは望ましい野生動物集団の復元はうまくいかないと考えられるからである．植物と動物の復元事業を同時に扱わない計画は，行き当たりばったりの計画であると考えられ，「場所を作れば動物がやってくるだろう」というフィールド・オブ・ドリーム仮説*（Palmer et al. 1997：295）の影響を色濃く受けている．ある植生の復元によって，数種の野生動物の生息地は復元されるが，それは必ずしもその種が望んでいる生息地とは限らない．野生動物の視点に立たない計画は，望まれない種によって対象種やその子孫が殺されたり，被害を受けたりする生態学的罠を作るかもしれない．

生息地利用という用語は，動物が生息地内の物

（訳注）フィールド・オブ・ドリーム仮説：　ある地域で失われた生物的・物理的要素の1つを復元すれば，そこにかつて存在した生物群集が自己組織化するという自然復元における仮説

理的・生物的な構成要素の集合体（すなわち資源）の利用，もしくは一般的な意味での消費の方法であると定義する．前述したように，生息地選択は，各々の階層的な空間スケールで，動物が生まれ持った先天的な性質と，学習によって得られた後天的な性質に基づく行動によって，環境を選ぶプロセスであると Hutto (1985：458) は提案している．Johnson (1980) も同様に，生息地選択とは，動物が生息地内で利用可能な構成要素を選択するプロセスであると述べている．多数の文献がこうしたプロセスを「選択」として考えることを支持していることを考えると，生息地選択を上記のように定義することは妥当である．また，生息地選好性とは，こうした一連の「選択」の結果，資源利用に不均衡が生じることと定義できる．

生息地の利用可能量は，動物が必要とする物理的・生物的構成要素の利用しやすさを指す．これは資源量とは異なる用語である．資源量とは，その生息地に存在する生物とは無関係に，単に生息地内の現存量（それが利用可能であるか否かは問わない）を意味する (Wiens 1984：402)．理論的には，動物が利用可能な資源量と種類を測定することができる．しかし，実際には，動物の視点で，資源利用可能量を評価することはほぼ不可能である (Litvaitis 1994)．例えば，我々は特定の捕食者の餌動物の資源量を（捕獲によって）測定することができるが，カバーなどが捕食者の利用を制約するので，生息地内に生息する餌動物のすべてが利用可能であると言うことはできない．同様に，動物の採餌が困難な場所に餌となる植物があるならば，たとえ動物がその植物を好むとしても，それを獲得することはできない．現実的な問題として，どの資源が利用可能で，どれが利用できないのかということを厳密に判定することは困難である．そのため，実際の資源利用可能量を測定することが野生動物と生息地の関係を理解する

ために重要であるにもかかわらず，滅多に測定されることはない (Wiens 1984：406)．そこで，多くの場合は実際の利用可能量ではなく，動物に利用されている地域の資源の現存量を理論的もしくは経験に基づいて測定することで，利用可能量を定量的に推定する．したがって，生物学者は利用可能量という用語を使用しない方が賢明であり，代わりに最も一般的に測定されている資源量（もしくは現存量）という用語を使用すべきである．実際に，資源の獲得しやすさが動物の視点から決定されるならば，資源利用と利用可能量の比較による生息地選好性の分析には価値がある．

生息地の質とは，個体や個体群を生存可能な状態で維持するための環境の能力を表している．生息地の質は，生存や繁殖，個体群の存続に必要な資源を提供する能力に基づいて，低質から中質，さらには高質な生息地へと変化する連続変数である．一般的に，研究者は，種がその地域に生息するために必要とされる植生の特徴をもとに，生息地の質を評価する（生息地適合度指数モデルはこの考え方に基づく：Laymon and Barrett 1986；Morrison et al. 1991 を参照）．しかし，生息地の質が有用な基準であるならば，個体群動態の特徴と十分に関連付けられなければならない．例えば，環境収容力についての議論では (Leopold 1933；Dasmann et al. 1973)，資源とつり合う生息密度を持つ生息地を高質な生息地として評価する．これは野外において，動物の生息密度が高い生息地に高い順位を与えることを意味している (Laymon and Barrett 1986)．しかし，Van Horne (1983) は，自然界にはソースとシンクの関係にある生息地 (Pulliam 1988；Wootton and Bell 1992) が広く存在するため，生息密度は生息地の質を表すには誤った指標であると述べている．現在，生息密度に基づく生息地の質の序列を重要視しない生態学者は多くなっている．環境収容力は生息地の質を表す指標の1つとしてみなすこと

はできたとしても，生息地の質自体は生物の個体数ではなく，個々の個体群の個体群動態に基づいて評価されるべきである．

復元事業者にとって，生息地の質は重要な概念である．例えば，もし事業計画の目標が繁殖させている個体の存続可能個体群を復元することなら，対象種の生存や繁殖に必要とされる重要な要素の復元が不可欠である．また，これまでにみてきたように，これらの要素には，植生だけではなく，食物（例えば，その植生に特有の節足動物）や適切な状態の繁殖地（例えば，カバーのある営巣地），あるいは捕食者の不在などが含まれる．

マクロハビタット（大規模生息地）とミクロハビタット（小規模生息地）は相対的な用語であり，対象動物の研究が行われるスケールを表している（Johnson 1980）．したがって，マクロハビタットとミクロハビタットは，ある種に固有の研究に基づいて定義されなければならない．一般的に，マクロハビタットは遷移段階もしくは特定の植物群集などの幅広いスケールで表現される（Block and Brennan 1993）．一般的には，Johnson が提案する生息地選択における階層的な空間スケールの第1段階と同等とみなせる．ミクロハビタットは普通，小スケールの生息地の特徴を表す．これは Johnson が提案する生息地選択の階層的な空間スケールの2〜4段階にあたる重要な要素である．このように，ミクロハビタットやマクロハビタットという用語は相対的に用いることが相応しく，そのスケールについて明示すべきである．

生息地利用を定量化することは非常に複雑である．それゆえ，復元事業地域における種の分布や定着能力を予測することも難しい．しかし，生息地を構成する主な要素を特定することは，どの種がその生息地に出現するかを判断する際の情報を提示しうるかもしれない．こうした情報は，かつて対象種が利用していなかった地域に，その種の生息を可能にするための植物の種組成や群落構造の復元事業や，捕食者や競争者の管理事業に貢献する．

2.1.2 ニッチ

Wiens（1989a：146）によれば，ニッチは生態学における最も変わりやすい定義を持つ用語の1つである．この用語には2つの基本的意味がある．種に関する Grinnell のニッチは，個体の生存や繁殖を可能にする環境特性の幅のことをいう．Grinnell（1917）は，種の分布や個体数を決定する要因を重視していた．対照的に Elton のニッチは，特に栄養段階の相互作用に関係する群集内の機能的な役割のことをいう（Elton 1927）．Hutchison（1957）は，異なる種が示す行動・反応・資源利用の頻度分布を説明する数多くの環境要因を数学的に記述することで，Elton のニッチの概念を発展させた（Wiens 1989a：146）．こうしたニッチに対する考え方の相違は，Grinnell の視点に基づく個体を対象としたニッチ研究と，Elton-Hutchison の視点に基づく群集を対象としたニッチ研究へと展開した．

Arthur（1987）は，MacArthur（1968）の提案したニッチの定量化に従った研究アプローチを推奨している．これは，資源利用関数と呼ばれる定量化可能な変数を用いて，ある種の資源利用を示す方法である．Arthur は，多元的な概念（多変量）を用いてニッチを詳細に分析するよりも，資源利用関数と同様に，必要に応じて複雑性を構築して分析する方がよいと考えている．資源利用関数は動物による資源選択を表す．この資源選択は，捕食者や競争者，その他の要因によって制限される．この手法は生物学的構造に関してより少ない仮定しか必要とせず，かつ特定の問題に転化できる点が優れている．

このように，生息地は動物の占有・生存・繁殖に影響を与える資源を含むが，ニッチはその資源の入手や利用方法についても考慮に入れる．これ

らの概念は，復元事業計画において重大な問題を提起する．つまり，単に資源を供給するだけでは，復元事業目標を確実に達成し得ない．例えば，復元事業者は，対象種のために資源を復元させた場合，その資源をめぐる競争者の分布や個体数を考慮しなければならない．対象動物が食物資源を得る際に他の動物に殺されるのなら，食物資源の提供は明らかに誤りである．それゆえ，競争者による土地の占有をもたらす要素の排除，あるいはその競争者自身の排除が，復元事業計画において必要な場合もある．

2.1.3 景観

景観は，「対象とする林型・土地・土壌といった特徴を表すために用いられる空間的に不均質な地域」と定義される．King (1997：205-206) は，主にその空間的な広がりを景観としている．「景観」という用語を使用する際に伴う深刻な問題は，この用語が1〜100 km² 程度の広大な地域の意味として捉えられがちなことである (Forman and Gordon 1986；Davis and Stoms 1996)．しかし，小型動物が認識している景観は，大型動物のものとは大きく異なるだろう．King (1997：204) が述べているように，景観生態学の基本的な研究アプローチは，単に数 km² より大きな地域スケールを対象とした課題だけを扱うというわけではない．生物的・非生物的プロセスに与える空間的不均質性の影響は，事実上どの空間スケールにも及ぶ．したがって，景観の概念には空間的制限が設けられるべきではない．ある場合には，景観を数 km² 単位で表すことが適しているが（例えば，広域を対象とする復元事業計画），一方では数 m² 単位で表すことが適する場合もある（例えば，サンショウウオとニッチの関係など）．

2.1.4 資源

資源という概念は，群集様式を説明する際に多く用いられている．しかし，多くの場合，「資源」という用語にはその場限りの定義が与えられている (Wiens 1989b：262)．資源が直接測定されたり，資源に制約があるという前提が理由なく用いられたりすることはほとんどない．したがって，資源を定義するために，対象地域の空間的な広がりが明確に特定され，測定可能な要素に分類されなければならない．

資源の識別や測定にはほとんど注意が払われてこなかった．Wiens (1989a：321) が指摘するように，ある種の分布や個体数，あるいは繁殖行動と関連する多くの環境要因は，資源と呼ばれている．しかし，そこに存在する資源の正確な定義がなければ，資源利用あるいはニッチ関係の正確な様式を見出すことは不可能である．著者は，資源を「生物に直接利用されている生物的・非生物的要素」として定義している．ある生物の生息を制約する資源は，制限資源ということができる．Wiens (1989a：321-323) は，実際に測定しているものが何かを確実に把握するために，資源量・資源利用可能量・資源利用の違いは区別されなければならないとも述べている．資源量とは，明確に設定された地域内の資源の絶対的な総量（あるいは大きさや容量）である（例えば，1 ha 内の食物項目の数）．資源利用可能量とは，動物が実際に利用できる資源の総量である（例えば，有蹄類が手に入れることのできる 1 ha 内の食物項目の数）．資源利用とは，明確に設定された地域から実際に得られる（消費される，持ち去られる）資源の1つの尺度である（例えば，6時間のサンプリング時間の間に動物が消費した 1 ha 内の食物項目の数）．

野生動物の復元を行う上で，対象種が必要とする重要な資源を判断したり，資源の利用上の制約を特定したりする作業は不可欠である．これらの点に関する基本的な情報が記載された自然史に関する多くの論文や，一般的なフィールドガイドは

数多くある．復元事業者は，復元対象となる種をリストアップし，それぞれの種が利用する重要な資源や，その利用を制約する要因を特定しなければならない．そうした作業の結果，おそらく各々の復元対象となる種の間で，多くの類似点が明らかになるだろう．さらに，事業計画にこのリストを用いることによって，対象種が実際に復元対象地域を利用する可能性を高めることができる．

2.2 いつ測定するのか

　動物の行動・位置・資源に対する要求は，一年を通して変化することが多い．しかし，多くの研究者は，生息地評価の基礎となる生息地利用の経時的な変化を無視している．動物がある地域に生息するために必要となるすべての条件に関する知識がなければ，復元事業の成果は限られたものとなり，場合によっては誤った意味を持つ可能性がある．

　測定時期の決定は，対象種の生活史によるので，各々の研究によって異なる問題である．事業地域に継続的に定住する種は，一年を通して研究されるべきである．研究を積み重ねる中で，動物が季節ごとに資源利用を頻繁に変えることが明らかになってきている（Schooley 1994；Morrison et al. 1998：168-172)．例えば，鳥類にとって利用可能な節足動物相は，季節の変化に伴って，ある樹種からある樹種へと移動する．植栽した植物の成長力に関係なく，野生動物が必要とする植物種を適切に混植できなければ，復元事業は失敗するだろう．我々は直感的に，秋期と冬期が動物にとって最も過酷な時期だと考えている．なぜなら，これらの季節には出産によって個体数が最大になり，樹木が枯死し節足動物が冬眠に入ることで資源が減少し，分散や季節的移動により生理学的なストレスを受け，なおかつ厳しい気象条件になるためである．

2.3 何を測定するのか

　下記は Green（1979：10）が提唱したもので，野生動物の生息地を測定するために必要となる説明変数を選択する際に考慮すべき基準である．

- 事業地域における何らかの影響を記載する，あるいは予測するために使用する変数の空間的・時間的な変動性．
- 妥当な費用で一定の精度を伴った調査の実行可能性．
- 影響との関連性，およびその影響に対する反応の感受性．

　これらの基準は，記述的研究と影響分析（薬剤散布や森林伐採など）の両方に適用される．事業地域の生態系における変動性を理解することは，復元事業の設計において重要である．この変動性には，測定誤差やサンプリング誤差とともに，本質的・確率的・体系的な変化も含まれる．測定に必要とされる環境変数を選択する際には，正式もしくは略式の事業を問わず，費用便益分析が行われる．研究者は，事業計画目標の達成に必要な測定精度を判定し，その上で，実施されるすべての調査の精度をそれと整合させなければならない．復元事業者は，事業計画設計に先立って，計画目標が単に種の生息の有無や密度を明らかにすることなのか，あるいは種の繁殖を可能にさせることなのか，について明示しなければならない．

2.3.1 空間スケール

　分析の規模は，自然復元・管理事業の実施規模に合わせなければならない．復元事業の実施スケールは計画地域の大きさと対象動物を考慮した目標によって決定される．一般的に，面積が小さい地域ほど，対象種のミクロハビタットのパラメータにより多くの注意を払わなければならない．これは，特定の生息地の構成要素が出現する確率が，面積の増加に伴いおのずと高くなるためである．例えば，大面積の地域では，小面積の地域に比べて倒木・枯死木や岩石の露出部，池あるいは林地を多く含むだろう．

　「小面積」「大面積」の定義は，計画によって変わる．多くのサンショウウオは$15\,m^2$以下の行動圏を持ち，$25\,m$以上移動することはない（Grover 1998）．Bratton and Meier（1998）によると，アパラチア山脈南部に生息するサンショウウオにおいては，植生の復元を慎重に行う必要がある．サンショウウオの移動距離は短く，狭い乾燥地帯でさえ横切ることはまずないため，サンショウウオの生息地の復元規模が，多くの植生の復元規模より小さくなるからである．対照的に，他の小・中型の陸生脊椎動物の行動圏は，5〜10 haもしくはそれ以上である．1種もしくは数種に焦点を当てた計画は，これらの動物の生活史に基づいて行われなければならない．より包括的な目標（脊椎動物の多様性の増加など）をもつ大規模な計画では，野生動物群集の一般的な基準（例えば，種の豊富さ）と，環境の一般的な基準（例えば，植生群落構造）とを関連付けた指針に基づいて実施されなければならない．

　ミクロハビタットにおける野生動物と生息地の関係は，生息地の場所や調査期間，個体群ごとに異なる．これらの変数の大きさによって，モデルの一般性が決まる（一般性とは，異なる時間・地域へのモデルの汎用可能性である）．野生動物と

図2.1 植物の種構成だけでなく，群落の高さや階層構造も，動物の生息地利用を決定する上で中心的な役割を果たしている．この写真は，アリゾナ州のコロラド川下流沿いに残存する水辺植生である．（写真提供：Annalaura Averill-Murray, Suelen Lynn）

生息地の関係に関する文献の多くは，特異的な時間と場所を対象にしていると批判されてきた（Irwin and Cook 1985）．しかし，この批判は，測定変数の精度と汎用可能なスケールとの関係について，理解が欠けているために生じる誤解である．微細スケール（高解像度）モデルと広域スケール（低解像度）モデルのどちらを開発するかは，研究目的次第である．広域スケールモデルでは，リター（落葉落枝層）の深さの変化や，その地域の種ごとの樹木密度，ある特定の植生パッチ内の捕食者の出現頻度に対する動物の反応を説明することはできない．しかし，動物の地域個体群の管理を対象とする場合では，広域スケールモデルが必要である．

　モデルが事業対象地でうまく機能しないとき，野生動物管理官は挫折感を覚える．この挫折感は，植生に関する膨大な測定項目に基づく関係を，状況の異なる別の地域に応用しようとするから生じるのである．同様に，微細スケールで開発

図 2.2 群葉高多様度（FHD）と鳥の種多様度（BSD）の関係．黒丸点は調査地を表す．
(M.F.Willson, "Avian Community Organization and Habitat Structure," Figure 1. *Ecology* **55**：1017-1029. Copyright 1974)

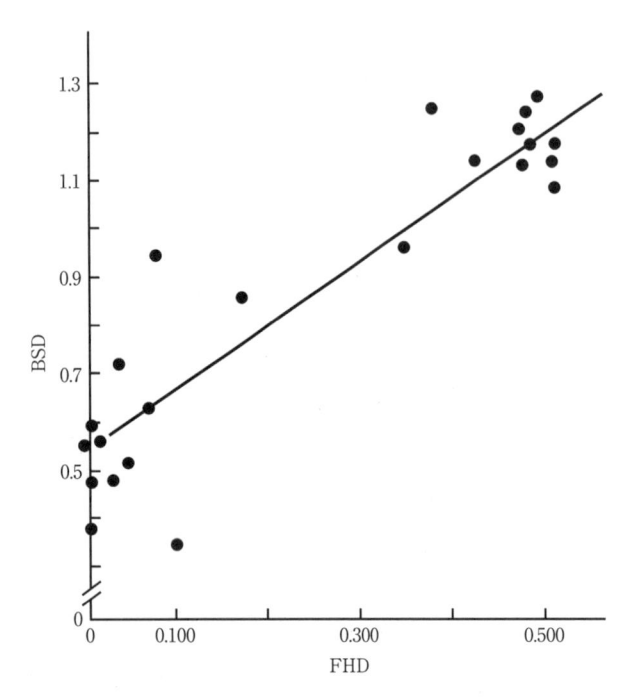

されたモデルを，他の地域へ応用することはほとんどできない（Block et al. 1994）．つまり，復元事業者は，事業計画地域の面積や特徴と，利用可能な情報の種類との整合性を精査しなければならないのである．

2.3.2 測定：概念的枠組み

植生が持つ2つの基本的側面である群落構造（相観）と植物分類群（植物相）は，区別されなければならない（図2.1参照）．多くの生態学者は当初，植物分類学的な構成よりも，群落構造と生息地の配置（ある地域の規模，形状，植生分布）が動物，特に鳥類による生息地の占有様式を決定するのに重要であると考えていた（Morrison et al. 1998：146-147.の総説を参照）．しかし，最近の研究では，植物の種構成は，従来考えられていたよりも生息地の占有様式の決定により大きな役割を果たしていることが示されている．植物相の測定と群落構造の測定のどちらが相対的に有効であるかは，分析する空間スケール次第なのである．

大陸規模の環境の物理的な配置（つまり，相観）に反応する種は，ある地域内のもしくは局所的な規模の相観とはほとんど関係を示さないだろう．したがって，多くの動物に関して，相観を基準とした植生タイプを大まかに区別した上で，その地域内の植物分類学的な基準によってその分布や個体数を詳細に区別すべきである．

a. マクロハビタットとミクロハビタット

動物の多様性に関する研究が増えるに伴って，動物の個体数や種類と，植生の全体構造とを関連づける様々な方法が開発されはじめた．最も有名なものは，群葉高多様度（foliage height diversity：FHD）と鳥の種多様度（bird species diversity：BSD）との関係である．両者には，正の相関関係が認められる（図2.2参照）．灌木林や草地のような単純な垂直構造を持つ植生では，FHDは動物の多様性（少なくともほとんどの脊椎動物）のよい指標とはならないだろう．Roth（1976）はこの問題を認識し，生息地の不均質性，あるいはパッチを示す基準に，灌木林の形状といった植生集団の分布を用いた手法を開発し，

BSDと植生パッチを関連づけることに成功した.

図2.2をみると，プロットには多くのばらつきがあることに気づく．したがって，特定地域における予測手段として，この一般則は対象とするスケールが小さくなるほど適用できない．つまり，広域スケールから微細スケールへ，あるいは景観を対象とした計画から局所的な計画へ向けて，その汎用性は低くなる．また，多様性は，より大きな空間スケールで意味をなす尺度である．そのため，多様性の測定は，複雑性を犠牲にして単純化される．こうした指標は，種構成や群葉の状態（成長力），節足動物の豊富さなどを単一の数値に集約してしまうため，植物に関する詳細な情報が失われる．

野生動物-生息地相関モデル（wildlife/habitat relationship model；WHRモデル）(Block et al. 1994)，ギャップモデル*(Scott et al. 1993)，および生息地適合度指数モデル(habitat suitability index model：HSIモデル）(USFWS 1981) といった州規模で開発されている現行の生息地モデルの多くは，マクロハビタットスケールが用いられている．これらモデルの多くは，動物の生息の有無あるいは個体数の予測手段として，大きなスケールで分類された植生タイプ（しばしば「生息地タイプ」と誤記される）が用いられる．しかし現実には，組み入れる環境変数のスケールの整合性がとれていないまま，モデルは開発されている．この問題はHSIモデルとWHRモデルで特に顕著である．利用する環境変数のスケールの不一致（例えば，ミクロハビタットとマクロハビタットのそれぞれに属する変数を同一の分析で使用すること）は，上述した生息地選択における階層的な性質を無視し，モデルの結果の解釈を困難にする．マクロハビタットスケールで開発されたモデルは，野生動物と生息地の関係を概観するのに役立つが，広域規模に限定して適用されるべきである．

したがって，比較的小さな地域（数km²未満）で行われる復元事業計画では，野生動物とミクロハビタットとの関係に焦点がおかれるのが普通である．また，事業目標が，その地域で野生動物の生存と繁殖を成功させることならば，ミクロハビタット要因とニッチ関係（資源利用における制約）が焦点となる．対照的に，広域にわたって生物多様性を増加させようとする計画では，植生構造の全体的な測定に焦点がおかれるべきであろう．

b. 動物に焦点をあてた手法

ミクロハビタットの選択に関する研究の多くは，動物に焦点をあてた手法（focal-animal approach）が変化したものである．この手法は，ある種が利用している生息地の指標として動物の生息の有無を用いる．動物の個体数と環境との相互関係は含まれない．むしろ，個々の動物の位置は，ある地域において，環境変数を測定する区画の境界を定めるために用いられる．次節で詳述するように，ある動物の特定の位置は調査地点の中心として扱われる．あるいは，個体観察地点の連続した集合は，調査地域の輪郭を描くのに用いられる（例えば，Wenny et al. 1993 を参照）．いずれの場合も，「測定結果が動物の生息地選好性を示している」という大前提がある．例えば，多くの研究において，オスのさえずり場所や採食場所をプロットすることで，その種の生息地を定めている（James 1971；Holmes 1981；Morrison 1984a, 1984b；Vander Werf 1993）．

c. 事例

動物が反応する植生の特質とはどのようなものか？　資源利用と呼ばれる行動をもたらす刺激は何なのか？　これらの疑問に答えるために，動物

（訳注）**ギャップモデル**：　GISを用いて，自然環境の現況と，既存の保全措置を空間的に重ね合わせ，両者のギャップを明らかにすることで，保全が必要とされる地域や環境要素を抽出するためのモデル

表 2.1　森林の生息地構造に関する測定変数のサンプリング方法

変数	サンプリング方法
1. 閉鎖した林冠の割合	森林の上層が存在する地点の割合．罠を中心に2本の直行する面積20 m²のトランセクトを設け，その中心線に沿って設置した21地点でサイティングチューブ（接眼筒）により測定．
2. 木本植生の密生度	肩高で接触する樹木や潅木の平均本数．罠を中心とした2本の直交する面積20 m²のトランセクトから測定．
3. 潅木の被度	変数1と同様に測定．低木層の植生の存在を表す．
4. 上層木の大きさ	罠周囲に設置した象限（四分円）の中で，罠に最も近い上層木の平均直径 (cm)．
5. 上層木の分散	罠周囲に設置した象限（四分円）の中で，罠から最も近い上層木までの平均距離 (m)．
6. 下層木の大きさ	罠周囲に設置した象限（四分円）の中で，罠に最も近い下層木の平均直径 (cm)．
7. 下層木の分散	罠周囲に設置した象限（四分円）の中で，罠から最も近い下層木までの平均距離 (m)．
8. 樹幹密度	罠を中心とした面積1 m²の円形調査区内の地表面に生えている総樹幹数．
9. 低木の樹幹密度	罠を中心とした面積1 m²の円形調査区内に生えている幹の高さは0.4 m以下の総樹幹数．
10. 樹木葉群の縦断面密度	罠を中心に面積1 m²の輪を描くように直径0.80 cmの金属棒を，地表から0.05，0.10，0.20，0.40，0.60，……，2 mの高さで平行に360度回転させ，それに接触した（枯死していない）木茎数の平均値
11. 樹木の種数	罠を中心とした面積1 m²の円形調査区内の樹種の総数．
12. 草茎密度	罠を中心とした面積1 m²の円形調査区内の地表面に生えている草茎の総数．
13. 短茎草本密度	罠を中心とした面積1 m²の円形調査区内に生えている高さ0.4 m以下の草茎の総数．
14. 草本葉群の縦断面密度	変数10と同様に測定．金属棒に接触した枯れていない草茎数の平均値．
15. 草本の種数	罠を中心とした面積1 m²の円形調査区内の草本の種数．
16. 上層木の常緑性	変数1と同様に測定．林冠部分の常緑植生の有無．
17. 低木の常緑性	変数1と同様に測定．低木階層の常緑植生の有無．
18. 草本層の常緑性	常緑の草本植生地点の割合．罠を中心とした2本の直交した面積20 m²のトランセクトを設け，その中心線に沿って設置した21地点から測定．
19. 切り株の密度	罠周囲に設置した各象限（四分円）あたりの直径7.5 cm以上の切り株数の平均．
20. 切り株の大きさ	罠周囲に設置した各象限（四分円）における直径7.5 cm以上の罠に最も近い切り株の平均直径 (cm)．
21. 切り株の分散	罠周囲に設置した各象限（四分円）における直径7.5 cm以上の罠に最も近い切り株までの平均距離 (m)．
22. 倒木密度	罠周囲に設置した各象限（四分円）あたりの直径7.5 cm以上の倒木数の平均．
23. 倒木の大きさ	罠周囲に設置した各象限（四分円）における直径7.5 cm以上の罠に最も近い倒木の平均直径 (cm)．
24. 倒木の分散	罠周囲に設置した各象限（四分円）における直径7.5 cm以上の罠から最も近い倒木までの平均距離 (m)．
25. 倒木の量	罠周囲に設置した各象限（四分円）あたりの直径7.5 cm以上の倒木の全長 (0.5 mより大きい) の平均．
26. リター・土壌層の深さ	直径2 cmの円筒の携帯用柱状採泥器によってリター・土壌層の貫入の深さ（10 cm以下）を測定．
27. リター・土壌層の圧密度	変数26で採取したリター・土壌層の採泥器内のサンプルの圧縮の割合．
28. リター・土壌層の緻密度	変数26で採取したリター・土壌層のサンプルを乾燥器で45℃，48時間乾燥させた後の乾燥重量密度 (g/cm²)
29. 土壌表面の露出度	変数18と同様に測定．土壌あるいは岩の露出した地点の割合．

(R.D.Dueser and H.H.Shugart, Appendix. *Ecology* 59：89-98. Copyright 1978. 再編許可：Ecological Society of America)

の生息地利用様式を説明する目的で，様々な研究者によって集められた環境変数を考えてみたい．この節では，特定の種を対象とした事業設計に必要なデータ形式について説明する．

　James (1971) の鳥類と生息地の関係を定量化した研究は，最も初期のものであると同時に，最も引用されているものの1つである．それは，アーカンソー州における鳥類群集の多次元的な生息地空間を表すために，群落構造について15項目を調査したもので，彼女とその同僚の共同研究によって開発された手法（James and Shugart 1970）に厳密に従っている．次節にその手法を述べた．この手法の概念的な枠組みと，一般的な分析方法（鳥類観察に焦点をあてた多変量解析）によって，Jamesの発想を基に数多くの研究が発展した．実際にJamesの考案した計画と方法は，いまだに広く用いられており，例えば，Murray and Staffer (1995) の植物調査法はJames and Shugartの方法論が基になっている．

　Dueser and Shugart (1978) は，テネシー州東部の高地の森林に生息する小型哺乳類のミクロハビタットの種間の違いを明らかにすることを目

表2.2 デルノルテサンショウウオ（*Plethodon elongates*）のサンプリングと同時に収集した，森林環境に関わる43の変数で表された生態学的な構成要素の階層的な配列

階層スケール	
変数の区分	
変数[a]	
I. 生物地理学的スケール[b]	D. 地表面の植生（<0.5 m）
II. 景観スケール	シダ類（L）
A. 地理的要素	広葉草本（L）
緯度（度）	イネ科草本（B）
経度（度）	高さ I-林床植生（B）（0〜0.5 m）
標高（m）	E. 地表植被
勾配（%）	コケ類（L）
方位（度）	地衣類（B）
III. マクロハビタットもしくは立地スケール	葉（B）
A. 樹木：大きさごとの密度[c]	露出した土壌（B）
小形の針葉樹（C）	リター層の深さ（cm）
小形の広葉樹（C）	優占する岩石（B）
大形の針葉樹（C）	共優占する岩石（B）
大形の広葉樹（C）	F. 森林内の気候
林齢（年）	気温（℃）
B. 枯死木や倒木：地表部と総数	土壌温度（℃）
根株（B）	太陽光指数
腐敗した全ての丸太（C）	林冠鬱閉度%
腐敗していない小形の丸太（C）	土壌 pH
腐敗していない丸太ある地域（L）	土壌相対含水率
腐敗した針葉樹の丸太のある地域（L）	相対湿度（%）
腐敗した広葉樹の丸太のある地域（L）	IV. ミクロハビタットスケール
C. 低木と下層の構成（>0.5 m）	A. 地表の構成
下層の針葉樹（L）	中礫（P）（直径 32〜64 mm の岩石の割合%）
下層の広葉樹（L）	大礫（P）（直径 64〜256 mm の岩石の割合%）
大形の灌木（L）	膠結物（P）（土壌・リター内に埋め込まれた岩石カバーの割合%）
小形の灌木（L）	
樹幹（L）	
高さ II-林床植生（B）（0〜0.5 m）	

(H.H.Welsh and A.J.Lind, "Habitat Correlates of Del Norte Salamander, *Plethodon elongate*, in Northwestern California", 表1. *Journal of Herpetology* **29**：198-210. Copyright 1995. 再編許可：Department of Zoology, Ohio University)

[a]：変数を表す略字
　C＝カウント数（1 ha あたりの個体数）に基づく変数
　B＝ブラウン・ブランケに基づく変数（面積 0.1 ha の円形調査区内のカバーの割合）
　L＝ライントランセクトに基づく変数（50 m のライントランセクト内での割合）
　P＝サンショウウオ探索地域内（49 m²）の割合
[b]：レベル I の階層スケール（生物地理学的スケール）に関係する変数は，すべてのサンプリングがその生息地内でのみ行われたため，分析は実施されなかった．空間的スケールは，低解像度から高解像度へと降順に並べられている．
[c]：小形の樹木：DBH（胸高直径）＝ 12〜53 cm，大形の樹木：DBH＞53 cm

標とした．彼らの具体的な目的は，森林に生息する種のミクロハビタットを特徴づけ，それらを比較し，それぞれの種の個体数と分布が選択されたミクロハビタットの利用可能量とどのように関係しているかを調べることであった．収集されたデータは，小型哺乳類が捕獲された各々の場所の垂直構造に関するもの，つまり上層植生・下層植生・低木の高さ・林床・リター（落葉落枝層）の深さである．表2.1は，その際に利用された変数である．しかし，それらは植物について「木本性」や「常緑性」といった記述しかされておらず，各々の種に関する詳細情報を欠くことに注意し

なければならない．これでは，ミクロハビタットの分析はできないし，未知の細かな要因も明らかにできない．この研究では，リターの稠密度・倒木の密度・短茎草本密度などの林床の特徴に特に注意を払い，これらの土壌に関係する変数が研究対象種のミクロハビタットの違いに重要であることを明らかにした．

Morrison et al. (1995) は，アリゾナ州南東部の山々における両生類と爬虫類のミクロハビタットを記載するために，探査時間をうまく調整して調査を行った．観察者は，ストップウォッチが動いている間ゆっくりと歩きながら，地上と樹木の幹を探索し，動かせる岩や丸太，リターをひっくり返して，対象とする動物を探査した．さらに，調査時間が終了した時点で，動物のいた場所を中心とする直径5mの範囲でミクロハビタットの条件（地表温度，植生の特質，およびその他の生息地の特性）を測定した．Welsh and Linda (1995) は，景観・マクロハビタット・ミクロハビタットのスケールに注意しながら，デルノルテサンショウオ（*Plethodon elongates*）の生息地の類似点を分析した．分析方法の選択やデータの選別および結果の解釈といった研究手法を選択する際の論理的根拠を，彼らは詳細に示した．彼らが測定した変数を，空間スケールごとに表2.2に示した．

これらの例は，野生動物と生息地の関係に関する研究を計画する初期段階において，有用な情報を提示している．これらの研究の中で使用されている方法をそのまま繰り返さないように注意して欲しい．むしろ，研究対象種に関して，何か重要なことを予測できるような変数を選択するべきである．データ収集は時間がかかる．だからこそ，変数選択の過程で注意深く計画を立てることが，研究の的を絞るのに役立つ．

2.4　いかに測定すべきか

この節では，野生動物の生息地の一般的な測定方法について概説する．ここで全ての分類群を対象に，有用文献のすべてを紹介することは不可能である．野生動物の主な分類群に関する基本的な調査手法についての総論は，Cooperrider et al. (1986) と Bookhout (1994) を参照していただきたい．この節の目的は，特定の野生動物種の復元を目的とした事業計画を導入する際に必要な情報を収集し，解釈するという復元事業者の能力を高めることである．

2.4.1　調査の原則

本章で見てきたように，野生動物とその生息地選択を把握するための従来の雛形として植生が用いられる．野生動物関連の出版物に載っている調査手法の概説には，群落構造および植物相を定量化するための標準的な方法（四分割法，円形調査区，層状円形調査区，種数面積曲線，線状被度法など）の信頼性が示されている．これらは，植物生態学者が多種多様な環境条件のもとで検証してきた有効な方法である．必要に応じて特定の方法に応用する際には，標準的な方法が手本となる．標準的な方法が使用されれば，研究間での比較も可能になる．植生学のサンプリング手法を総説した良書は多い（Daubenmire 1968；Muller-Dombois and Ellenberg 1974；Greig-Smith 1983；Cook and Stubbendieck 1986；Bonham 1989；Schreuder et al. 1993）．

2.4.2　サンプリング手法

ミクロハビタットを測定する最も一般的な方法は，James and Shugart (1970) が開発したプロトコル（手続き）に基づく手法で，定量的に植生データを得る簡便かつ標準化された手法である．

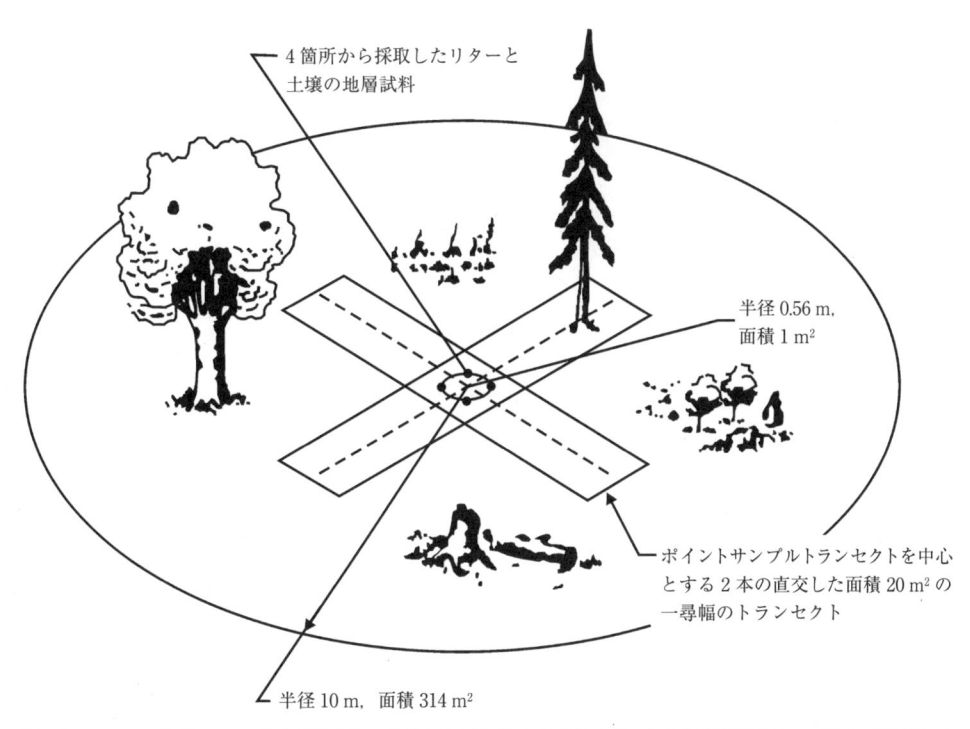

図2.3 DueserとShugartが小型哺乳類の生息地利用に関する研究で用いた生息地変数をサンプリングする際の調査区の配置.
(R.D.Dueser and H.H.Shugart, "Microhabitats in Forest-Floor Small Mammal Fauna", Figure 1. *Ecology* **59**: 89-98. Copyright 1978)

図中ラベル:
- 4箇所から採取したリターと土壌の地層試料
- 半径 0.56 m, 面積 1 m²
- ポイントサンプルトランセクトを中心とする2本の直交した面積 20 m² の一尋幅のトランセクト
- 半径 10 m, 面積 314 m²

彼らの本来の目的は，ナショナルオーデュボン協会の「繁殖鳥類センサス」および「冬期鳥類個体数調査」によって全米から集められた鳥類個体群のデータを説明するための方法を見つけ出すことであった．しかし，前述のように，彼らが用いた手段は生物群集全体に幅広く応用可能であることがわかった．集められたデータは，林冠の高さ・低木密度・地表植被率・林冠植被率・立木密度・根元の面積・樹木の出現頻度である．立木密度と出現頻度を推定するための調査地面積は0.04 haとした．低木密度の推定方法は，0.04 ha 調査区を縦断する互いに直角な2本の調査ラインを作り，一尋幅（両手を広げた幅）の樹幹の数を数えるというものである．植被率の評価にはサイティングチューブ（観察筒）を使用した．さらには，調査器具の作成法と調査票の例も詳しく述べられている．

動物が環境を知覚する方法を概念化したJames (1971)の論文の重要性は既に述べた．Jamesの方法が野生動物の生息地分析に与えた影響は大きい．円形調査区の設定・選定・測定・再設定は容易である．また，調査区内の動物の個体数推定と植生データを統計的に直接関連付けられる．調査区とは，決まった時間と場所で植生と動物をサンプリングするためのものである．調査区はGPS（全地球位置把握システム）を使用して正確に位置を示すことができ，さらにそれらのデータをGIS（地理情報システム）に入力することも可能である．調査区が（対象動物の行動と）独立したデータポイントを持つならば，サンプル数は調査区数と等しくなる．また，1つの調査地域内でサンプリングのために複数の調査区を設けるならば，得られたデータを平均化することができ，分散をみることもできる．Noon (1981) は，ライ

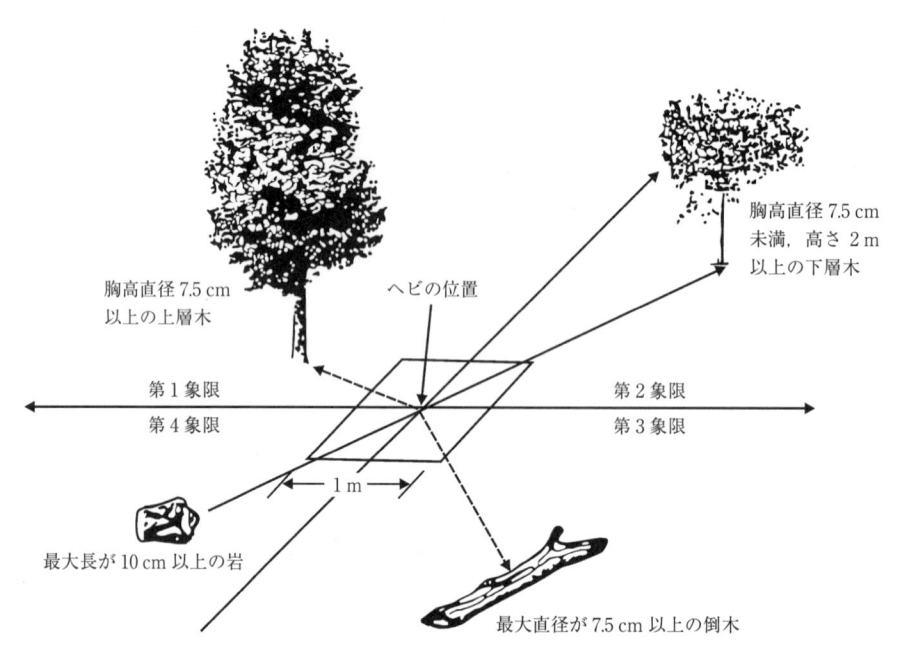

図 2.4 ヘビの位置を基準としたサンプリング区画の配置.
(H.K. Reinert, "Habitat Separation between Sympatric Snake Populations," Figure 1. *Ecology* **65**:478-486. Copyright 1984)

表 2.3　Reinert が用いた景観構造および気候に関する変数

略号	変数	サンプリング方法
ROCK	岩石カバー	ヘビの位置を中心とした $1\,m^2$ の象限（四分円）内の被度（％）
LEAF	落葉のカバー	ROCK と同様
VEG	植被	ROCK と同様
LOG	倒木カバー	ROCK と同様
WSD	樹幹密度	$1\,m^2$ の象限（四分円）内の樹幹の総個体数
WSH	樹幹の高さ	$1\,m^2$ の象限（四分円）内の最も高い樹幹の高さ（cm）
MDR	岩までの距離	各象限（四分円）内で最も近い岩（長さが最大 10 cm 以上）までの平均距離（m）
MLR	岩の全長	MDR の計算で用いた岩の最大の長さ（cm）の平均
DNL	丸太までの距離	最も近い丸太（最大直径が 7.5 cm 以上）までの距離（m）
DINL	丸太の直径	最も近い丸太の最大直径（cm）
DNOV	上層木までの距離	最も近い樹木（胸高直径≧7.5 cm）までの距離（m）
DBHOV	上層木の胸高直径	各象限（四分円）内の最も近い上層木の平均胸高直径（cm）
DNUN	下層木までの距離	DNOV と同様（胸高直径＜7.5 cm, 樹高＞2 m）
CAN	林冠鬱閉度	45％以内の林冠鬱閉度（コーン型のサイティングチューブ（接眼筒）を利用）
SOILT	土壌含水率	ヘビから 10 cm 内の深さ 5 cm の土壌含水率（％）
SURFT	地表温度	ヘビから 10 cm 内の地表の温度（℃）
IMT	周囲の温度	ヘビから 1 m 上の気温（℃）
SURFRH	地表の相対湿度	ヘビから 10 cm 内の地表の相対湿度（％）
IMRH	周囲の相対湿度	ヘビから 1 m 上空の相対湿度（％）

(H.K.Reinert, "Habitat Restoration between Sympatric Snake Population", Table 1. *Ecology* **65**：478-486. Copyright 1984. 再編許可：Ecological Society of America)

ントランセクト法と，上記のような地域内に調査区を設置したサンプリング手法の長所と短所を論じている．トランセクトの問題点は，それが比較的大きな地域を対象とするため，特定のトランセクトの区画と，特定の動物の観察数（あるいは個体数）とを関連づけることが難しくなることである．それにもかかわらず，ライントランセクト法は調査地全域の植生を全般的に記載するために広

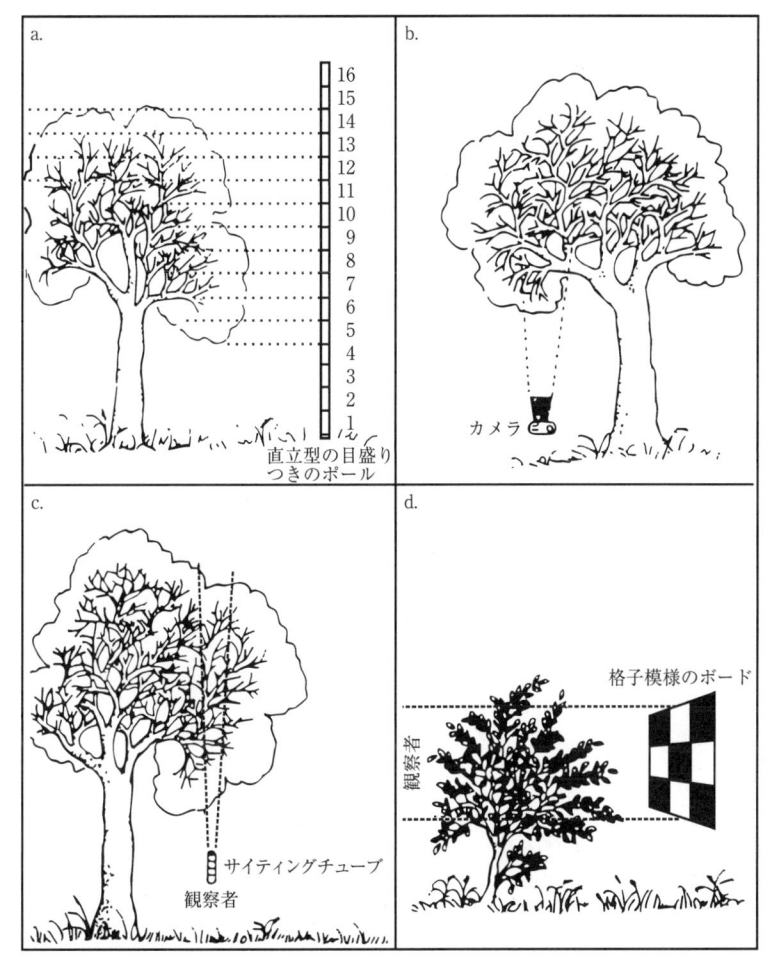

図 2.5 森林における生息地変数を測定するために通常用いられる調査用具．(a) 直立型の目盛り付きのポール：潅木層や低木林の葉群の特徴を測定するために最も役立つ．(b) 135 mm レンズ（もしくはズームレンズ付）の 35 mm カメラ：森林の縦断面（測距儀計で読みとった高さ）に焦点を合わせることで，森林の垂直面の葉群密度の評価に用いることができる．(c) サイティングチューブ（観察筒）：観察者は，直接見上げて，林冠や潅木層の葉群密度を評価する．または，森林断面を高さごとに分類し，それぞれの層ごとの植被を評価する．(d) 格子模様付きボード：低木層の垂直方向の密度を評価するために用いられる．観察者は植物によって遮蔽される面積が 50% になるまで，ボードから歩いて離れる．この方法で，様々な高さで繰り返し利用可能な低木密度の指標を算出することができる．しかし，調査者の観察能力は異なるため，同じ観察者が実施する必要がある．
(Bibby et al., *Bird Census Tschniques*, Figure 10.10. Copyright 1992. Academic Press)

く用いられている．

つまり，調査地域内に固定した調査区やトランセクトを用いた手法は，その場所でのみ有効であり，野生動物と生息地の関係について詳細に分析できる．野生動物と生息地の関係に関する研究を発展させるため，1970 年代から固定調査区法（通常は円形調査区）を利用した多変量解析に用いるデータのサンプリングが行われてきた．固定調査区法は，小区画，方形区，ライントランセクトなどを含む多くのサンプリング計画の基礎となっている．以下に，より汎用性の高い方法を述べる．

Dueser and Shugart (1978) は，短いライン

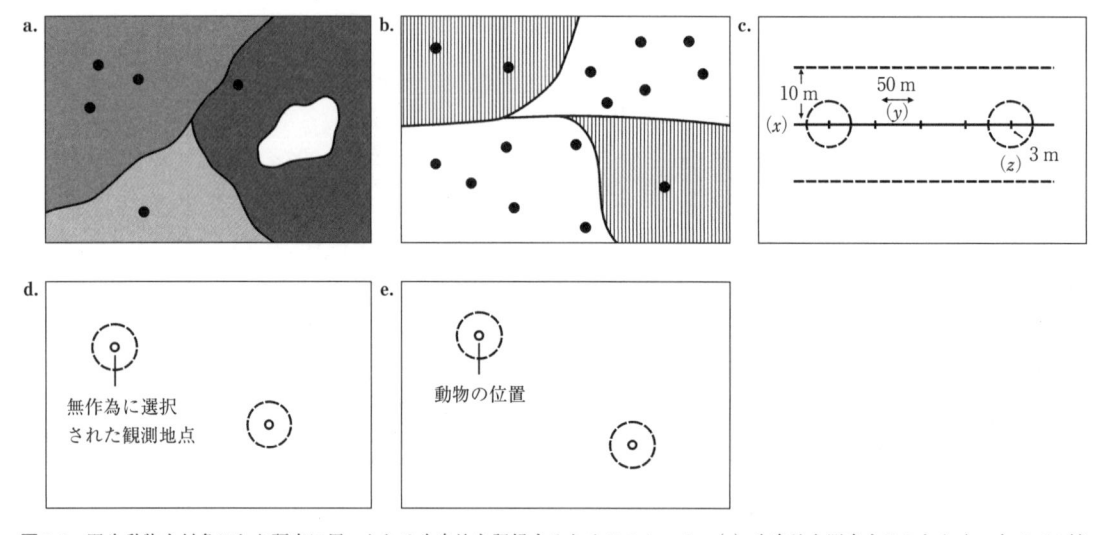

図2.6 野生動物を対象にした研究に用いられる生息地を記録するためのスケール．(a) 生息地を測定することなく，すべての植生タイプのみを地図上に図示し，動物の位置をその地図上に示す（黒点）．この手法は，生息地利用に関して大まかに理解できるが，動物と植生タイプの関係を統計学的に処理することは困難である．(b) 生息地を，林齢や群落の種構成のような基準によって区分する（白い区画は最近皆伐された区画を表す；陰影部は過去の皆伐地を示す）．マッピング調査から明らかにされた動物の記録（黒点）を，各区画に割り当て，定量的に測定された生息地変数と比較する．各区画からの生息地データをそれぞれ独立に測定することで，生息地変数と動物の関係の有意性を統計学的に検証できる．(c) トランセクトカウントのルートに沿った一定の測定間隔で，標準化されたサンプルプロット内において生息地変数を記録する．この方法は，トランセクトカウントと類似する生息地変数に関するデータを収集でき，動物と生息地変数間の関係を検証する際に多変量解析が利用できる．x = トランセクトの幅，y = トランセクトの小区間，z = 生息地を記録するための円形調査区のサンプリング半径．(d) 無作為に配置された観測地点周辺に設定したサンプリング区画において生息地変数を記録する．この方法は，ポイントカウントと同じような詳細な生息地のデータをもたらす．この方法もまた，動物と環境変数間の関係を検証する際に多変量解析が利用できる．(e) なわばりや採餌場所，もしくはラジオテレメトリー法によって測定された動物の位置で生息地変数を記録する．この方法は，動物に選択された地域の正確な生息地データを得ることができる．調査地域内の無作為に選んだプロットの生息地変数を記録し，対象とする動物が利用もしくは忌避した各々の生息地変数の差を用いることで，その種の生息地選択を定量化することができる．

(Bibby et al., *Bird Census Techniques*, Figure 10.1. Copyright 1992. Academic Press)

トランセクトと同様に，様々な大きさと形状の調査区を組み合わせた精密なサンプリング計画を開発した（図2.3を参照）．この方法は，小型哺乳類の生息地分析のために設計されたが，多くの陸生脊椎動物に簡単に応用できる．具体的には，罠を中心とする独立した3つの調査単位（1 m^{2}の円形調査区，一尋幅の垂直に交わる20 m^{2}の2本のトランセクト，半径10 mの円形調査区）を設定した．1 m^{2}の円形調査区において，地面から高さ2 mまでの草本と木本植物の垂直の葉群縦断面図を作成する．さらにその円周上の4地点でリターの深さ・稠密度・乾燥重量密度を推定するための試料を採取する．2本の一尋幅のライントランセクトでは，カバータイプ・地表の特徴・周辺植生の4つの階層ごとに常緑性と密度を測定する．半径10 m調査区の各1/4区画（象限）では，樹種・胸高直径・罠の最も近くにある下層木から上層木までの距離・切り株や倒木の数・最も近接する切り株と倒木の直径と距離・倒木の長さの合計を記録する．

Reinert (1984) は，James (1971) による鳥類の研究と，Dueser and Shugart (1978) による小型哺乳類の研究で使用されたものと類似した手法をヘビの個体群分析に応用した．つまり，

Reinertは自身の手法の論理的根拠として，初期の研究者が用いた基本概念の枠組みを使用したのである．しかし，そのサンプリング手法には多少の修正が施されている．真上からヘビを撮影するために，1 m²調査区に28 mm広角レンズを装備した35 mmカメラを使用したことは，特筆される．さらに，地上の様々なカバーの被植割合を判定するために，スライドに10×10の100分割を施した．つまり，見た目で大雑把に行われてきたカバーの被植割合を，厳密に定量化したのである．図2.4はReinertの手法を要約したもので，表2.3はその際に用いられた変数である．Dueser and ShugartとReinertの方法は，同様に，小規模の空間スケールが組み合わされていることに注意してほしい．Reinertの方法には，環境変数に地上・地表・地中の温度と湿度（含水率）が加えられている．これらの値は，終日変化し，通常は測定時の天候で大きく変動するが，そういった要素は他の変数に影響を及ぼさない（もしくは他の変数との相互関係はない）．葉群の被度を定量化する一般的な方法を図2.5に示した．

Bibby et al. (1992) は，鳥類の生態研究に必要とされる鳥類の記図法や，鳥類カウントと環境特性を関連づける方法の説明など，生息地評価技術を基礎的・実用的に概説している（第6章参照）．図2.6は，個体位置の記図法から生息地利用の評価法に至るまで，野外で適用可能な手法を示している．

まとめ

野生動物と生息地の関係について我々が理解を深めるためには，野生動物学者・保全生物学者・復元事業者がより緊密に協力することが求められる．専門用語を統一することで，共通した理解をもたらす言葉が使用されるようになり，3者間の協力関係を築くための大きな足がかりとなるだろう．例えば，生息地という概念は，科学文献でも一般的文献でも確立しているが，依然として誤解されることが多く，誤用もされている．野生動物の分布・個体数・生存繁殖活動を制限する重要な資源を特定することは，復元事業を計画する鍵となる作業である．さらに，野生動物が資源を獲得する上での制限，すなわちニッチの要素を定量化することの必要性は，野生動物の生態学および自然復元に関する研究分野では十分に認識されていない．

野生動物学者は，野生動物の生息地を定量化するための効率的な方法の開発に，相当な労力を費やしてきた．復元事業者は，従来の野生動物と生息地の関係に関する研究の長所や短所を踏まえることで，目標達成への道を短縮することができるだろう．それはすなわち，同じ轍を踏まないことである．入念な計画と予備研究によって，過大にあるいは過小に調査をしないですむのである（第4章参照）．

引用文献

Arthur,W. 1987. *The Niche in Competition and Evolution*. John Wiley & Sons.

Askins,R.A. 2000. *Restoring North American's Birds*. Yale University Press.

Bibby,C.J., N.D.Burgess, and D.A.Hill. 1992. *Bird Census Techniques*. Academic Press.

Bissonette, J.A. (ed.). 1997. *Wildlife and Landscape Ecology: Effects of Pattern and Scale*. Springer-Verlag.

Block,W.M., and L.A.Brennan. 1993. The habitat concept in ornithology: Theory and applications. *Current Ornithology* **11**: 35-91.

Block,W.M., M.L.Morrison, J.Verner, and P.N.Manley. 1994. Assessing wildlife-habitat-relationships models: A case study with California oak woodlands. *Wildlife Society Bulletin* **22**: 549-561.

Bonham,C.D. 1989. *Measurements for Terrestrial Vegetation*. John Wiley & Sons.

Bookhout,T.A.(ed.). 1994. *Research and Management Techniques for wildlife and Habitats*. 5th ed. Wildlife Society.

Bratton,S.P., and A.J.Meier. 1998. Restoring wildflowers and salamanders in southeastern deciduous forests. *Restoration and Management Notes* **16** : 158-165.

Cook,C.W., and J.Stubbendieck (eds.). 1986. *Range Research : Basic Problems and Techniques.* Society for Range Management.

Cooperrider,A.Y., R.J.Boyd, and H.R.Stuart(eds.). 1986. *Inventory and Monitoring of Wildlife Habitat.* USDA Bureau of Land Management Service Center.

Dasmann,R.F., J.P.Milton, and P.H.Freeman. 1973. *Ecological Principles for Economic Development.* John Wiley & Sons.

Daubenmire,R. 1968. *Plant Communities : A Textbook of Plant Synecology.* Harper and Row.

Davis,F.W., and D.M.Stoms. 1996. A spatial analytical hierarchy for GAP analysis. Pages 15-24 in J.M.Scott, T.H.Tear, and F.W.Davis (eds.), *GAP Analysis : A Landscape Approach to Biodiversity Planning.* American Society for Photogrammetry and Remote Sensing.

Dueser,R.D., and H.H.Shugart Jr. 1978. Microhabitats in forest-floor small mammal fauna. *Ecology* **59** : 89-98.

Elton,C. 1927. *Animal Ecology.* Sidgwick & Jackson.

Forman,R.T.T., and M.Gordon. 1986. *Landscape Ecology.* John Wiley & Sons.

Green,R.H. 1979. *Sampling Design and Statistical Methods for Environmental Biologists.* John Wiley & Sons.

Greig-Smith,P. 1983. *Quantitative Plant Ecology.* 3rd ed. University of California Press.

Grinnell,J. 1917. The niche-relationships of the California thrasher. *Auk* **34** : 427-433.

Grover,M.C. 1998. Influence of cover and moisture on abundances of the terrestrial salamanders *Plethodon cinereus* and *Plethodon glutinosus*. *Journal of Herpetology* **32** : 489-497.

Hall,L.S., P.R.Krausman, and M.L.Morrison. 1997. The habitat concept and a plea for standard terminology. *Wildlife Society Bulletin* **25** : 173-182.

Holmes,R.T. 1981. Theoretical aspects of habitat use by birds. Pages 33-37 in D.E.Capen (ed.), *The Use of Multivariate Statistics in Studies of Wildlife Habitat.* USDA Forest Service General Technical Report RM87.

Hutchinson,G.E. 1957. Concluding remarks. *Cold Spring Harbor Symposium on Quantitative Biology* **22** : 415-427.

Hutto,R.L. 1985. Habitat selection by nonbreeding, migratory land birds. Pages 455-476 in M.L.Cody (ed.), *Habitat Selection in Birds.* Academic Press.

Huxel,G.R., and A.Hastings. 1999. Habitat Loss, fragmentation, and restoration. *Restoration Ecology* **7** : 309-315.

Irwin,L.L., and J.G.Cook. 1985. Determining appropriate variables for a habitat suitability model for pronghorns. *Wildlife Society Bulletin* **13** : 434-440.

James,F.C. 1971. Ordinations of habitat relationships among breeding birds. *Wilson Bulletin* **83** : 215-236.

James,F.C., and H.H.Shugart Jr. 1970. A quantitative method of habitat description. *Audubon Field Notes* **24** : 727-736.

Johnson,D.H. 1980. The comparison of usage and availability measurements for evaluating resource preference. *Ecology* **61** : 65-71.

King,A.W. 1997. Hierarchy theory : A guide to system structure for wildlife biologists. Pages 185-212 in J.A.Bissonette (ed.), *Wildlife and Landscape Ecology : Effects of Pattern and Scale.* Springer-Verlag.

Laymon,S.A., and R.H.Barrett. 1986. Developing and testing habitat-capability models : Pitfalls and recommendations. Pages 87-91 in J.Verner, M.L.Morrison, and C.J.Ralpf (eds.), *Wildlife 2000 : Modeling Habitat Relationships of Terrestrial Vertebrates.* University of Wisconsin Press.

Leopold,A. 1933. *Game Management.* Scribner's.

Litvaitis,J.A., K.Titus, and E.M.Anderson. 1994. Measuring vertebrate use of terrestrial habitats and foods. Pages 254-274 in T.A.Bookhout (ed.), *Research and Management Techniques for Wildlife Habitats.* 5th ed. Wildlife Society.

MacArthur,R.H. 1968. The theory of the niche. Pages 159-176 in R.C.Lewontin (ed.), *Population Biology and Evolution.* Syracuse University Press.

Morrison,M.L. 1984a. Influence of sample size and sampling design on analysis of avian foraging behavior. *Condor* **86** : 146-150.

_____. 1984b. Influence of sample size and sampling design on discriminant function analysis of habitat use by birds. *Journal of Field Ornithology* **55** : 330-335.

Morrison,M.L., W.M.Block, and J.Verner. 1991. Wildlife-habitat relationships in California's oak woodlands : When do we go from here ? Pages 105-109 in *Proceedings of the Symposium on California's Oak Woodlands and Hardwood Rangeland.* USDA Forest Service General Technical Report PSW-126.

Morrison,M.L., W.M.Block, L.S.Hall, and H.S.Stone. 1995. Habitat characteristics and monitoring of amphibians and reptiles in the Huachuca Mountains, Arizona. *Southwestern Naturalist* **40** : 185-192.

Morrison,M.L., B.G.Marcot, and R.W.Mannan. 1992. *Wildlife-Habitat Relationships : Concepts and Applications.* University of Wisconsin Press.

_____.1998. *Wildlife-Habitat Relationships : Concepts and Applications.* 2nd ed. University of Wisconsin Press.

Mueller-Dombois,D., and H.Ellenberg. 1974. *Aims and Methods of Vegetation Ecology.* John Wiley & Sons.

Murray,N.L., and D.F.Stauffer. 1995. Nongame bird use of habitat in central Appalachian riparian forests. *Journal of Wildlife Management* **59** : 78-88.

Noon,B.R. 1981. Techniques for sampling avian habitats. Pages 42-52 in D.E.Capen (ed.), *The Use of Multivariate Statistics in Studies of Wildlife Habitat.* USDA Forest Service General Technical Report RM87.

Odum,E. 1971. *Fundamentals of Ecology.* 3rd ed. Saunders.

Palmer,M.A., R.F.Ambrose, and N.L.Poff. 1997. Ecological theory and community restoration ecology. *Restoration Ecology* **5** : 291-300.

Peter,R.H. 1991. *A Critique for Ecology.* Cambridge University Press.

Pulliam,H.R. 1998. Sources, sinks, and population regulation. *American Naturalist* **132** : 652-661.

Reinert,H.K. 1984. Habitat separation between sympatric snake populations. *Ecology* **65** : 478-486.

Roth,R.R. 1976. Spatial heterogeneity and bird species diversity. *Ecology* **57**：773-782.

Schooley,R.L. 1994. Annual variation in habitat selection： Patterns concealed by pooled data. *Journal of Wildlife Management* **58**：367-374.

Schreuder,H.T., T.G.Gregoire, and G.B.Wood. 1993. *Sampling Methods for Multiresource Forest Inventory*. John Wiley & Sons.

Scott,J.M., F.Davis, B.Csuti, R.Noss, B.Butterfield, C.Grives, H.Anderson, S.Caicco, F.D'Erchia, T.Edwards Jr., J,Ulliman, and R.G.Wright. 1993. GAP analysis：A geographical approach to protection of biodiversity. *Wildlife Monographs* **123**：1-41.

U.S.Fish and Wildlife Service (USFWS). 1981. *Standard for the Development of Habitat Suitability Index Models*. Ecological Services Manual 103. Government Printing Office.

VanderWerf,E.A. 1993. Scales of habitat selection by foraging 'elepaio in undisturbed and human-altered forests in Hawaii. *Condor* **95**：980-989.

Van Horne,B. 1983. Density as a misleading indicator of habitat quality. *Journal of Wildlife Management* **47**：893-901.

Verner,J., M.L.Morrison, and C.J.Ralph (eds.). 1986. *Wildlife 2000：Modeling Habitat Relationships of Terrestrial Vertebrates*. University of Wisconsin Press.

Wecker,S.C. 1964. Habitat selection. *Scientific American* **211**：109-116.

Welsh,H.H.,Jr., and A.J.Lind. 1995. Habitat correlates of Del Norte salamander, *Plethodon elongates* (Caudata：Plethodontidae), in northwestern California. *Journal of Herpetology* **29**：198-210.

Wenny,D.G., R.L.Clawson, J.Faaborg, and S.L.Sheriff. 1993. Population density, habitat selection, and minimum area requirements of three forest-interior warblers in central Missouri. *Condor* **95**：968-979.

Wiens,J.A. 1972. Anuran habitat selection：Early experience and substrate selection in *Rana cascadae* tadpoles. *Animal Behavior* **20**：218-220.

_____. 1984. The place of long-term studies in ornithology. *Auk* **101**：202-203.

_____. 1989a. *The Ecology of Bird Communities*.Vol.1：*Foundations and Patterns*. Cambridge University Press.

_____. 1989b. *The Ecology of Bird Communities*.Vol.2：*Processes and Variations*. Cambridge University Press.

Willson,M.F. 1974. Avian community organization and habitat structure. *Ecology* **55**：1017-1029.

Wootton,J.T., and D.A.Bell. 1992. A metapopulation model of the peregrine falcon in California：Viability and management strategies. *Ecological Applications* **2**：307-321.

3. 歴史的評価

　自然復元の事業計画に必要な最初のステップは，ある生態系の全体，もしくは部分を模倣する年代を復元目標として確定することである（Egan and Howell 2001）．その計画の立案過程において，歴史的な側面から動物群集を評価することが必要である（Swetnam et al. 1999を参照）．本書の中で一貫して述べているように，ある一般的な植生タイプや植物群集を用意するだけでは，多くの動物種が生息するのに必要な生息地の構成要素を揃えたとはいえない．

　かつて存在していたある生態系の姿を目標に，地域を復元するには，その生態系に関する歴史的な背景を示しうるデータが必要である（図3.1）．本章の目的は，野生動物の生息に関する歴史的なデータの収集法を記述し，歴史的なデータに内在する不確実性を特定することにより，ある地域の過去の動物群集を再現するために必要とされる実用的な方法を示すことにある．そして，そのような方法を用いた事例研究についても同様に議論する．詳細な議論はMorrison（2001）を参照されたい．

図3.1 繰り返し発生した自然火災によって貧弱になったマツの林分．このマツ林では，人為を加えない「自然」の再生を試みている．（写真提供：Bruce G. Marcot）

3.1 背　　景

　今日地球上に生息しているほとんどの動物種は，更新世の非生物的・生物的な影響の中を生き抜いてきた．200〜300万年前に始まったとされる更新世は，今からおよそ1万年前に終わったと考えられている．更新世は，大陸の氷床や氷河の一連の前進と後退によって特徴付けられる．現在の我々の時代は，更新世におけるもう1つの間氷期であると考えられている（Cox and Moore 1993）．このように，現在生息している動物種の分布や個体数は，更新世の地質学的な事象に結びついている．氷床の後退は，新しく生育した植生にいち早く適応した動物種や，新しい環境条件に適合しうる能力を持った動物種に，広大な土地への分布拡大を可能にした．多くの分類群の現在の地理的分布は，おそらく完新世の初期に形成されたと考えられているが，種によっては完新世後期まで避難地域（レフュジア）で生存し続けていた（Elias 1992）．氷河期と間氷期のサイクルが生物種の地理的分布に及ぼす影響は，現在も継続している（例えばGutierrez 1997の総説を参照）．

　例えば，北米南西部では，同胞種による置き換わりの結果生じた分布（ヴィカリズム*）とそれに伴う片方の同胞種の絶滅と同様に，完新世後の分散とその後の定着は現在の哺乳類群集に影響を及ぼしてきた．Davis et al.（1988）は，それぞれのプロセスが動物の分布に与える影響は，現在の動物相の構成を説明する上で考慮されるべきであると主張している．Johnson（1994）は，北米西部一帯で，24種類の鳥類の分布域の拡大について研究した．地域的な気候学的情報の分析の結果，最近数十年間，夏はより高温・多湿になっていることが明らかになり，この気候変動が鳥類の分布域の拡大に関係があることを発見した．復元事業者は，事業地域における潜在的な動物群集を明らかにするために，地域的な気候変動のような情報を，注意深く収集する必要がある．

　ある地域における生物種の構成を正確に把握することは極めて困難である．このことについては，生息地の定義を復習すれば理解できるはずである（第2章参照）．生息地とは植生に限定されない種固有の概念である．ある地域の植生タイプを明らかにすることは，その地域における数多くの種固有の生息地を明らかにすることと同義ではない．観察結果や証拠標本がなければ，対象種がかつて生息していたことを断言することはできない．しかし，近在で確認された種の記録などを証拠に，かつて生息していた可能性のある種をリストアップすることはできる．そして，ある地域の過去の植生条件や環境条件（例えば，そこに水場が常にあるか否かや，土壌条件など）をより詳細に示すことができれば，その地域に生息していた可能性のある種のリストをより完全なものに近づけることができるだろう．

　Kessel and Gibson（1994）は，ある地域における動物群集の変化は，①我々が真の変化として認識しているもの，②単に我々の動物群集に関する知識が深まったことを反映したもの，③人為と関係ない生態系の長期的な変動に由来するもの，そして④種の同定が間違っていたために起こったもの，の4つに分類されると結論付けている．今日，我々が認識できる動物群集の変化が，ある方向性を持つ（不可逆的な）変化なのか，あ

(訳注) **ヴィカリズム**：　ある種の地理的な生息分布が限界まで拡大した際，その境界部分で偶然変異種が生じることで，その分布をさらに拡大させることができるようになる．その際生じた変異種を同胞種（vicariant）と呼び，もとの種と形態的にはよく似ているが生殖隔離が生じている．

るいは単なる変動なのかを見分けることはほとんど不可能である．また，種によっては上記のカテゴリーの複数に属するものもいるであろう．ほとんどの種に関して，生息状況に関する文献やデータが最近のものしかなかったり，不完全すぎたりして，過去の群集や経時的な変化を再現するための基礎データとして使えない．そのため，動物群集の変化に関して，我々は断片的であいまいな説明しかできないのである．

3.2 技　　術

　かつてその地域に生息していた種のリストを再現するために使用可能な情報源は数多く存在する．この節では，博物館に保管されている標本，化石の記録，自然史に関する文献など，既存の情報源から利用できる主要な技術を概略する．これらの情報源は，同時に，対象地域の生態学的知見に関する豊かな情報もしばしば提供してくれる．

3.2.1 情報源

　USGS-米国生物資源局（以前は米国魚類野生生物局の管轄）は，全国繁殖鳥類調査を行っている．1965年に始まったこの調査は，多くの鳥類の繁殖期にあたる毎年6月に行われている．調査地は，北米とカナダ南部の二級道路沿いの各所にランダムに配置された2000以上の固定ルートから構成されている．それぞれのルートの延長は40 kmで，0.8 kmごとに計50箇所の定点が設定されている（Robbins et al. 1986）．

　ナショナルオーデュボン協会は，12月に鳥類個体数調査を毎年行っている．この調査はクリスマス鳥類個体数調査として有名であり，半径24 kmの調査区（その多くは都市，野生動物保護区など）を設定し，ボランティアによって行われている．1900年の調査開始以来，この調査は，鳥類の個体群動態の長期的モニタリング活動として，貴重なデータベースを提示するまでに成長した．クリスマス鳥類個体数調査のデータは，USGS-米国生物資源局や，様々な研究者によって取りまとめられてきた（例えば，Wing 1947など）．同じようなカウントデータは，*Canadian Field Naturalists*誌によって1924年から1939年まで記録されている．当初，調査地域は北米東部に集中していた．しかし，1950年代以降，調査地域は北米全域に広がっていった．調査地域がカバーする地理的範囲と調査地点密度の増加は，鳥類の分布に関する我々の知識を広げ，将来的にはより精度の高い個体数を把握することに繋がると考えられる．調査データは，ナショナルオーデュボン協会によって*National Audubon Field-Notes*誌（以前は*American Birds*誌として発刊されていた）に毎年掲載されている．そして，全国繁殖鳥類調査とクリスマス鳥類個体数調査のデータは，鳥類の分布や個体数に関する最新の情報を提供している．これらの調査データは，現段階では全国各地の歴史的な情報を提供しているわけではないが，特定の事業地域では利用可能であるだろう．

　ある地域の動物相の再現に役立つ論文や報告は多い．それらは，1800年代後半から1900年代初頭にかけて行われた自然史調査の結果である．北米のどの地域にも，自然史報告を重視した学術誌が存在する．徹底的な文献調査を行えば，人類による集約的開発以前，その地域に生息していた動物相を再現することができるだろう．もちろん自然災害（洪水・火事・竜巻・干ばつ）もまた，生物種の地理的分布に重大な影響を及ぼすことを忘れてはいけない．ある地域の調査結果を十分な配慮なく他地域にも適用していくことが，動物相の再現の信頼性を損なう結果を招くことは，火を

みるよりも明らかであるだろう．

3.2.2 博物館の所蔵記録

　自然史に関するコレクションは，様々な大学・博物館・研究機関に所蔵されている．たいていの場合，これらのコレクションは，ある地域の動物相を特徴付けるために収集された．それぞれの標本には，収集日・収集場所・収集者・種名，そして時として自然史に関する添書きが書かれた原票が添付されている．小規模な博物館のコレクションはその所在地域に生息する種の標本に集中する傾向があるが，大規模な博物館では，北米全土あるいは世界各地から標本を集めている．

　鳥類の卵は，時として鳥類学的なコレクションとして所蔵されている．鳥卵学は1900年代初頭には極めて一般的な学問であり，数種類の鳥卵学雑誌が出版されていた．卵のコレクションは，自然史の指標（一腹卵数や繁殖時期）・繁殖場所の分布・卵殻の厚みを分析する上で貴重である．一組の卵標本に添付されたデータ伝票には，通常，一腹卵数や営巣場所（営巣した植物の高さやその部位），またそれらに関連する情報が記されている．Kiff and Hough (1985) は，北米の博物館に所蔵されている標本・地理的範囲・卵のコレクションに関連する情報を詳細な目録にまとめて紹介している．最大の所蔵規模を誇るのは，カリフォルニア州のカマリロにある西部脊椎動物学基金である．この基金において，鳥卵学的コレクションに関する更なる情報を得ることができる．

博物館の所蔵記録を利用する際の注意点

　博物館の増加に伴って，オリジナルデータがコンピュータのデータベースに入力されている．これは博物館の所蔵品管理や標本に関する質問への回答に役立つという点で好ましい傾向である．しかし，利用者はオリジナルデータの転写の際に起こりうる人為的なミスに気をつけなくてならない．さらに，自然史に関するコメントを含むすべての情報をデータベースに転写できるプログラムはほとんどない．したがって，利用者は事前に，対象種の所蔵品（日付と場所による分類）に関する情報をコンピュータから打ち出し，元のデータ票の写真複写を請求することが賢明である．加えて，所蔵されている標本の同定がすべて正確であるという保証はない．それ故に，実際に出向いて同定結果を確認し，分類を決めかねる標本の貸し出しを請求した上で，地域の専門家に標本を独自に照査してもらうことが必要である．所蔵品の中に標本があることは，その種が収集時に生息していたことを単に示しているにすぎない．逆に，所蔵品の中に対象種の標本がないからといって，標本収集時にその種が生息していなかったと結論付けることはできない．しかし，対象種（例えば，絶滅危惧種）の標本がないことを指摘することで，ある種の生息を否定する材料として，博物館の所蔵品が誤用されることもある．初心者は，こうした情報を利用する前にそのような問題について経験豊かな人と相談しておくべきである．

　標本に関する情報を求めて博物館とコンタクトを取りたいと思う人は，多くの機関が深刻な財政難にあることを認識しなくてはならない．そのため，たとえ学術目的の利用であっても，写真複写の費用，あるいはデータベースにアクセスし印刷する際にかかる人件費は，利用者が負担するべきである．博物館のデータの利用者は，記録から得られる情報の限界とそのバイアスについてしっかりと検討しておくべきである．個人で標本を利用する際，種同定の検証や，体サイズなどの測定を要求することは，あまり望ましくない．標本に対する要求に応えることは，博物館スタッフの仕事を増やしてしまうだけでなく，標本に触れたり，移動させたりすることで，各々の標本が持つ情報を変化させ，標本の寿命を短くさせてしまう．

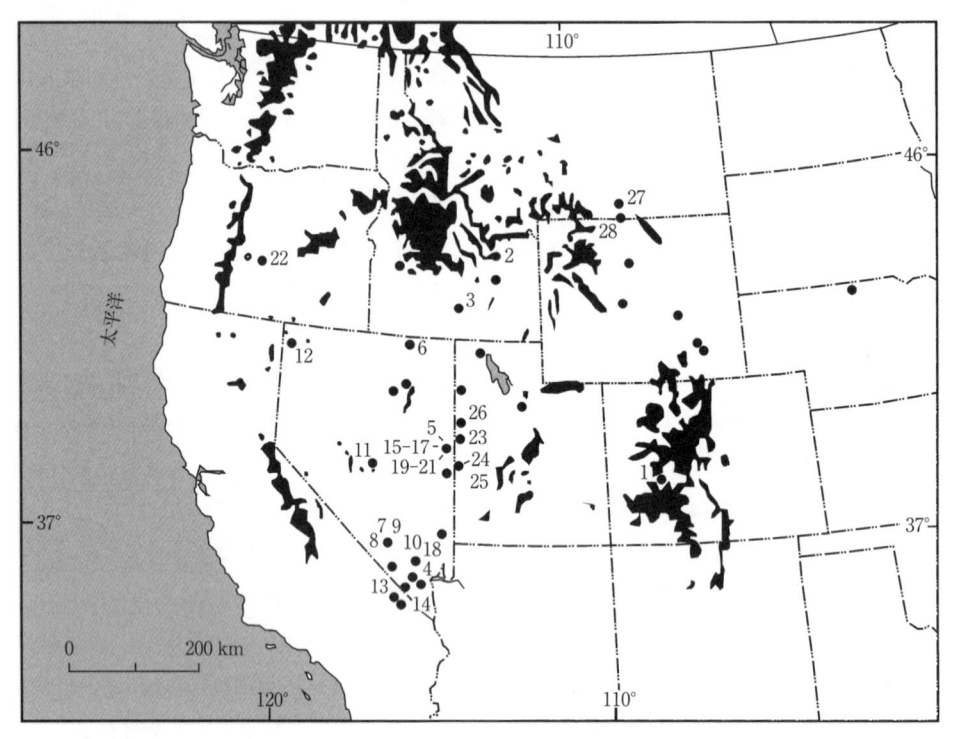

図 3.2 北米西部における現存するナキウサギの分布域（黒塗部）と更新世後期から完新世にかけての同種の化石の記録（黒点）.
(D. J. Hafner. "North America Pika as a Late Quarternary Biogeographic Indicator Species," Figure 1. *Quarternary Research* **39**：373-380. Copyright 1993, Academic Press)

3.2.3 化石と準化石

　化石の記録は，時として生物種のかつての生息域を再現するために利用可能である．例えば，化石の記録から，Harris（1993）はニューメキシコ州における更新世ウィスコンシン氷期の中期から後期の小型齧歯類の進化系統を再現し，Goodwin（1995）は更新世におけるプレーリードッグ（*Cymomys* spp.）の分布を再現した．ある種の生物地理学的な歴史を再現することによって，それらの地理的分布の変化が明らかになる．さらに，そのような再現によって，同様の環境を利用している現在の他の生物種の歴史的な生物地理学的な情報が示される．例えば，Hafner（1993）は冷温湿潤の岩石地帯における生物地理学的指標としてナキウサギ類（*Ochotona princeps* and *O. collaris*）を用いた．ナキウサギの化石は，特に

ネバダ州では現在生息している個体群から遠く離れた場所で見つかっている（図3.2）．このような再現は，生物種がなぜ分布域を変化させたのかを理解するのに役立つだけでなく，現在の分布域を制限している重要な要因を明らかにすることにも役立つ．

　同様に，準化石はかつての環境を再現するために利用されてきた．準化石とは鉱物化されていないわずか数百年前の残存物である．準化石は，しばしば洞窟や鉱山，モリネズミ類（*Neotpma* spp. 通称パックラット）が種子を溜め込んだ穴の中，もしくは岩の裂け目で見つかっている．例えば，Ashmole and Ashmole（1997）は，大西洋の赤道付近のアセンション島における有史以前の生態系を再現するために準化石を利用した（Olson 1997も参照）．

化石もしくは準化石を同定する際には，未知の項目を比較検証するための対照標本が必要となるだろう．必要とされているのは完新世とそれ以降の時代の分析に限られているので，自然史博物館の所蔵する標本でもそのような比較検証を行うには十分である．脊椎動物の形態学的な知識は，同定を手際よく進めるためには必要だが，動物学に関する学部教育を受けた人であれば，そうした同定を行うことは可能であろう．

Kay (1998) は，北米大陸における大陸発見以前の有蹄類と捕食者（人間を含む）の種構成を再現するために，考古学的データおよびその他のデータを総覧した．北米西部とカナダにおいて，約12,000年前から1870年ごろまでは，先住民族が北米の生態系を構成する最高位の捕食者であったと彼は結論付けた．こうした研究は，動物群集の種構成・植生タイプ・遷移パターンの復元を目標に設定した自然復元事業において，重要な価値を持つ．例えばKayは，約60,000個の有蹄類の骨が，北米とカナディアンロッキーの400以上の考古遺跡から発掘されており，そのうちエルクは3%以下で約10%がバイソンであることを明らかにしている．この事実と他の証拠となる情報を用いることによって，北米先住民族の狩猟によって有蹄類が現在に比べて低い個体数で維持されていたこと，さらには，人類の火の使用が植生景観の形成に重要な影響を与えていたことを彼は明らかにした．

3.2.4 文　献

動物群集の変化を評価することは，人為に由来する変化とその他の環境要因による変化を区別しようとする保全生物学者にとって，特に興味深いトピックの1つである．人為に由来しない環境要因による変化だけが，通常「自然の変化」と呼ばれているが，人間が地球上で進化してきたことを考えれば，これは誤解である（つまり，「自然の変化」も人為の影響を受けていることは明らかである）．過去の動物群集を明らかにしようとする文献は数多く存在する．こうした変化を検証するには，その後の記録と比較評価の対象とを結ぶ時間軸が必要である．1900年代初頭以前には，そのような時間軸は多くの地域で設定されていなかった．しかし，1900年代初頭から1950年代にかけて行われた集約的な地域的な調査によって，多くの種の比較的正確な生息域が明らかにされた．

Power (1994) の報告は，歴史的な鳥類相の記録を集めたよい見本である．彼は，1850年代初頭に端を発し（例えば大陸横断鉄道調査報告），1900年代初頭まで続く歴史的文献を活用し，カリフォルニア州沿岸諸島における鳥類の歴史的な分布と個体数を再現した．その他の有益な文献は，*Proceedings of California Academy of Science*, *Pasadena Academy of Science Publication*, *Proceedings of the National Academy of Science*, *Pacific Coast Avifauna*, *Condor*, *Auk* にみられる．全国的もしくは地域的な出版物は，有用な情報の宝庫である．

ナショナルオーデュボン協会は，1900年代を通して市民から提供された鳥類観察の情報を編集物として出版している．これらの観察は北米の地理区ごとに分類されており，季節ごと（冬，夏，秋）に観察をまとめている．各地域の鳥類専門家が，野外観察者によって提供された記録を編集・検証している．数多くの観察例に基づく記載は，その地域における種の現状を示している．これらのデータはある地域における希少種の生息状況を把握するために有益ではあるが，地域ごとの生息情報の変化に関する長期的なデータはほとんどない．

フィールドノート・学術文献・その他の情報の記録は，様々な書籍や学術誌に掲載されているか，あるいは生データのまま博物館に保存されて

いる．これらの情報には，分布・個体数・繁殖状況・その他の自然史的記録に関する種固有の情報が含まれている場合が多い．それらは，一般的な当時の環境条件とともに，その地域にかつて生息していた動物種を再現するために有用である．

3.2.5 不確実性

ある動物種の生息や行動を直接観察することなく，その種の生息の有無に関わるある蓋然性だけを用いて，過去の動物群集を推定することはできない．たとえある動物種の標本が対象地域に存在するとしても，その地域におけるその動物種の生息状況を知ることはできない．ある地域に現在，ある定住性動物の成獣が生息していたとしても（移動性動物と比較すれば，その種がその地域で定住していた可能性は高いことは当然考えられるが），その地域にかつてその種が生息していたことを意味するものではない．このように，我々はそれぞれの情報源の確実性を検討することにより，復元目標として推測された「過去の群集」の確からしさを評価することができる．そのような確実性の評価は相対的かつ定性的なものである．評価する際に考慮すべき要素は以下の通りである．

● 情報源の年代

情報源が古いものは決して信頼できないというわけではない．しかし，情報源の確からしさは，年代が古くなるにしたがって徐々に評価が困難になる．

● 情報源からの距離

自然復元事業地域近辺における種の生息情報は，その種がかつて復元地域に生息していたことを推測するのに用いられることがある．そして生息情報の過去の記録が事業地域から離れれば離れるほど，その種がそこに生息していたか否かは不確実なものとなる．このような評価の場合，対象種の分散距離に関する情報が不可欠である．

● 情報源の量と質

単一の記録と多数の記録，短期間の記録と長期間にわたる記録，実際の標本と目視による観察，データの記録の完全性など，情報源の信頼性を考慮しなければならない．

事業計画策定に関わる重要な情報の不確実性は十分に吟味する必要がある．そして，ある計画の妥当性を導く上で，（情報の持つ不確実性の結果，やむを得ず用いられることとなる）仮定のすべてはあらかじめ説明されなければならない．

3.3 事例研究

カリフォルニア州サンディエゴ郡スウィートウォーター地区の公園における野生動物の生息地の復元計画を推進するために，Morrison et al.（1994a，1994b）は，植生と野生動物の過去と現在の分布と個体数を分析した．彼らは，両生類・爬虫類・哺乳類・鳥類の最新の生息状況に関する調査結果と，サンディエゴ自然史博物館に所蔵されている標本から得られた過去のデータとの比較を行った．集約的な宅地開発や商業開発は1970年代半ばに始まったので，1975年以前に生息が確認された種を「過去の動物相」として考えることにした．文献情報は博物館の記録を補完するものとして用いられた．これらの内容を要約すると，彼らの研究によって4種の両生類，3種のトカゲ類，11種のヘビ類を含む，両生類と爬虫類の在来種の絶滅が示された．小型哺乳類群集は貧弱で，外来種のハツカネズミ（*Mus musculus*）と在来種のアメリカカヤネズミ（*Reithrodontomys megalotis*）が優占していた．9種の食虫目（トガリネズミ *Sorex* など）と齧歯目，1種のウサギ類，

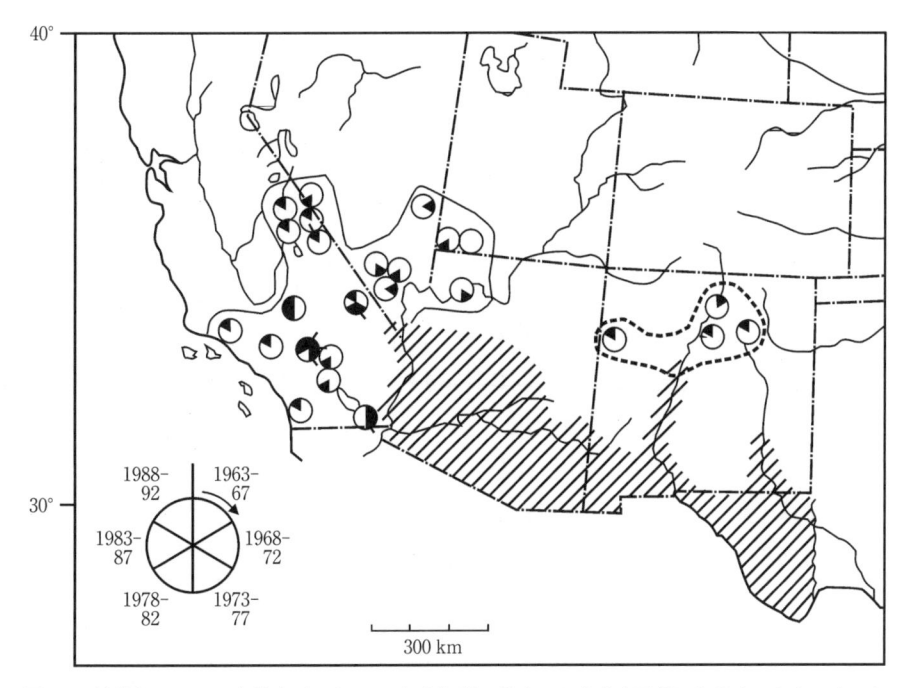

図 3.3 斜線部は，1950 年代半ばから 1960 年代初頭にかけての北米南西部におけるフウキンチョウ（*Piranga rubra cooperi*）のおよその繁殖区域を表している．過去 30 年間の先駆種と定着種の生息地が拡大した地域は，円グラフと点線で示している．
(N. K. Johnson, "Pioneering and Natural Expansion of Breeding Distributions in North America," Figure 7. *Studies in Avian Biology* **15**：27-44. 1994)

3 種の大型哺乳類の計 13 種の哺乳類が実質的に絶滅しているのは明らかだった．鳥類については 18 種が完全に絶滅し，新たに 6 種が移入していた．彼らはこれらのデータを植物や動物群集の復元計画を進めるのに役立てた．

Johnson (1994) は，1950 年を軸にして，*Check-List* 誌の最新版をはじめとした，1950 年以後の地域的な鳥類相に関する編集物をそれぞれ比較することにより，鳥類の分布域の歴史的変化の推定を試みた．過去 30 年以上にわたって，先駆種や分布域外の種の営巣に関する詳細な情報を得るために，彼は *National Audubon Field-Notes* 誌と *American Birds* 誌に引用された営巣季節に関する記録をとりまとめた．Johnson は，当該地域における晩春の営巣記録に注目した．なぜならば，それらの種は先駆種であり，訪れる夏の間には定着種となってしまうことが多いからである．そして彼は，さえずりオスがいる場合，もしくは生息可能な繁殖地につがいが形成されている場合を，新たな土地での先駆的定着と定義した．その例として，Johnson は北米南西部におけるフウキンチョウ（*Piranga rubra cooperi*：中南米の熱帯から亜熱帯に分布するホオジロ科の鳥）のかつての生息地が徐々に継続して拡大していることを明らかにした（図 3.3）．彼の分析によって，20 世紀半ばのフウキンチョウの分布域が特定され，北方と西方へ確実に分布が拡大していることが示された．Johnson は，フウキンチョウや分析対象としたその他の多くの鳥類種に関して，近年の分布域拡大は，気候変動（夏季の湿度と平均気温の上昇）によるものであって，人間活動の影響によるものではないと結論づけた．彼のような分析によって，復元事業の計画担当者が，事業地域における種の歴史を理解し，植物群落や特定の植物群集を

復元する際の優先順位を見定めることを可能にさせることができる.

まとめ

　自然復元事業の対象地域で，過去に生息していたと考えられる動物群集を再現することは，事業目的を達成するための重要なステップである．しかし，かつてそこにあったすべての生息地の要素が復元されたとしても，その種がそこで再定着できるとは限らない．多くの種の最小必要面積は，小規模の事業地域では満たされないかもしれない．さらに，事業地域の周辺の環境が，再定着に適していない場合もある．このように事業地域の歴史的な経過と現状の両方に照らし合わせて，野生動物の復元事業の目標を設定しなければならない．

　歴史的な記録を集めることは非常に時間のかかる作業である．動物の標本は，時として多くの博物館に散在しており，遠隔地にある場合もある．加えて，動物種の生息に関する多くの記録は，古い学術雑誌（しばしば1900年以前）や未発表のフィールドノートに含まれていたりする．標本はたいてい信用できるが，そうした記録の確からしさを評価するのは難しい．

　しかし，文献資料は，自然史に関する情報に富んでおり，様々な生物種に関する情報の宝庫であるため，かつてある地域に生息していた生物種をピースとしたパズルを組み立てる際に役立つ．ここでの重要な教訓とは，自然復元事業の初期段階において，十分な資料研究を行うことである．その結果，その地域でかつて生息していた動植物の歴史を明らかにすることが可能になるのである．

引用文献

Ashmole,N.P., and M.J.Ashmore. 1997 The land fauna of Ascension Island：New data from caves and lava flows, and a reconstruction of the prehistoric ecosystem. *Journal of Biogeography* **24**：549-589.

Cox,C.B., and P.D.Moore. 1993. *Biogeography：An Ecological and Evolutionary Approach*. 5th ed. Blackwell.

Daubenmire,R. 1968. *Plant Communities：A Textbook of Plant Synecology*. Harper & Row.

Davis,R.C.Dunford, and M.V.Lomolino. 1988. Montane mammals of the American Southwest：The possible influence of post-Pleistocene colonization. *Journal of Biogeography* **15**：841-848.

Egan,D., and E.A.Howell (eds.). 2001. *The Historical Ecology Handbook：A Restorationist's Guide to Reference Ecosystems*. Island Press.

Elias,S.A. 1992. Late Quaternary zoogeography of the Chihuahuan Desert insect fauna, based on fossil records from packrat middens. *Journal of Biogeography* **19**：185-197.

Goodwin,H.T. 1995. Pliocene-Pleistocene biogeographic history of prairie dogs, Cynomys (Sciuridae). *Journal of Mammalogy* **76**：100-122.

Gutierrez,D. 1997. Importance of historical factors on species richness and composition of butterfly assemblages (Lepidoptera：Rhopalocera) in a northern Iberian mountain range. *Journal of Biogeography* **24**：77-88.

Hanfer,D.J. 1993. North American pica (Ochotona princeps) as a late Quaternary biogeographic indicator species. *Quaternary Research* **39**：373-380.

Harris,A.H. 1993. Wisconsin and pre-pleniglacial biotic changes in southeastern New Mexico. *Quaternary Research* **40**：127-133.

Johnson,N.K. 1994. Pioneering and natural expansion of breeding distributions in western North America. *Studies in Avian Biology* **15**：27-44.

Kay,C.E. 1998. Are ecosystems structured from the top-down or bottom-up？：A new look at an old debate. *Wildlife Society Bulletin* **26**：484-498.

Kessel,B., and D.D.Gibson. 1994. A century of avifaunal change in Alaska. *Studies in Avian Biology* **15**：4-13.

Kiff,L.F., and D.J.Hough. 1985. *Inventory of Bird Egg Collections of North America*. American Ornithologists' Union and Oklahoma Biological Survey.

King,A.W. 1998 Hierarchy theory：A guide to system structure for wildlife biologists. Pages 185-212 in J.A.Bissonette (ed.), *Wildlife and Landscape Ecology：Effects of Pattern and Scale*. Springer-Verlag.

Morrison,M.L. 2001. Techniques for discovering historic animal assemblages. Pages 295-315 in D.Egan and E.A.Howell (eds.), *The Historical Ecology Handbook：A Restorationist's Guide to Reference Ecosystems*. Island Press.

Morrison,M.L., T.A.Scott, and T.Tennant. 1994a. Wildlife-habitat restoration in an urban park in southern California.

Restoration Ecology **2** : 17-30.
_____. 1994b. Laying the foundation for a comprehensive program of restoration for wildlife habitat in a riparian floodplain. *Environmental Management* **18** : 939-955.

Olson,S.L. 1977. Additional notes on subfossil bird remains from Ascension Island. *Ibis* **119** : 37-43.

Power,D.M. 1994. Avifaunal change on California's costal islands. *Studies in Avian Biology* **15** : 75-90.

Robbins,C.S.D. Bystrak, and P.H.Geissler. 1986. *The Breeding Bird Survey : Its First Fifteen Years, 1965-1979*. Research Publication 157. U.S. Fish and Wildlife Service.

Swetnam,T.W., C.D.Allen, and J.L.Betancourt. 1999. Applied historical ecology : Using the past to manage for the future. *Ecological Applications* **9** : 1189-1206.

Wing,L. 1947. Christmas census summary, 1900-1939. Pullman : State College of Washington. Mimeograph.

4. 研究設計の手引き

　世界各地で進行する人間による破壊的な資源利用に対する懸念は，ますます増加している．それは，汚染，絶滅，外来動植物の侵入，生息地の分断化，そしてその他多数の自然環境への影響に対する懸念である．このように，生態系を構成する各要素の相互作用が，人間活動によってますます複雑化している状況において，環境変化に対する動植物相の反応を予測しなければならない．我々は「自然」の環境変化に対する動物の反応を予測することに長けているわけではない．それにもかかわらず，計画的な，あるいは偶然の人為的作用がさらに加わるので，そうした予測がより一層困難になることはいうまでもない．

　それゆえ，環境に関する理解を深めた上で，我々の活動の結果を適切に予測しようとするならば，再現可能な知識や知見をもたらす科学的手続きに忠実でなければならないということは自明のことである．十分に検討されていない研究や未着手の研究に由来する先入観や固定観念に基づいた管理決定を避けなければならない．すべての科学研究は，科学的手続きを厳しく堅持しなければならない．すなわち，良質の科学研究のみが常に応用されるべきなのである．いまだに学問領域としての生態学は信頼に足る知識を十分に提供できないでいるが，それは生態学という学問に欠陥が内在するからではなく，それを実践する者たちが生態学を厳格な科学として扱ってこなかったためである（Romesburg 1981；Peters 1991）．

　この章の目的は，自然復元の研究に関して信頼ある情報をどのようにして獲得するかについて論じ，研究設計の基本原則について概説する．本章では特に野生動物の生息地に焦点を置くが，本章で述べる内容はいかなる動植物の研究にも適用できる．詳細な議論はMorrison（1997）とMorrison et al.（1998，第4章）を参照していただきたい．

4.1　科学的手続き

　科学的手続きを実践することで知識が得られる．科学的手続きはただ1つのものをさすのではない．むしろ，目的が異なれば，当然，科学的手続きも異なる．Romesburg（1981）は主な科学的手続きとして次の3つを挙げている．それは，帰納法，遡行推測，仮説演繹法である．帰納法は，観察された事実の相互関係を発見する手続きとして使用される．例えば，ある動物がナラ（Quercus spp.）林内で通常観察される場合，その動物の生息数と林縁からの距離との関連性を見る方法である．この関係性が繰り返し確認されることによって，その関係性はより信頼できるものとなる．このように，帰納法は，適切に使用すれば信頼できる科学的手続きとなるが，観察された事実相互の因果関係を導き出す「プロセス」を説明しない．帰納法に基づく管理決定では，その「関係」が本来の意味を超えて乱用されることが多く，その管理計画の多くは失敗する．例えば，ナラ林で明ら

かになった関係を，針葉樹林にまで適用しようとしたりする場合である．

遡行推測は，観察された事実の因果関係を説明する「プロセス」について，その仮説を提案する手続きである．ナラ林の例では，「対象とする動物がナラ林内で観察されるという事実関係は，捕食者が林内まで入り込むことができない結果，森林内部の動物が保護されるから」と仮定されるかもしれない．しかし，他にも考えられうる説明が多数成立するため，そうした説明は多くの場合信頼できない．上記の説明は一見合理的に見えるが，実際は森林内部の好適な微気候によるのかもしれない．したがって，対象種を増加させるために，捕食者の調整を実施するという管理が行われた場合，それは失敗するであろう（この例において，適切な管理策とは，森林面積を広げることなのかもしれない）．

遡行推測（帰納法も同様）はこのような欠点を持つため，我々はRomesburgの示す第三の科学的手続きである仮説演繹法(hypothetico-deductive method：H-D法)を用いることになる．H-D法は（通常，遡行推測から発展した）仮説を出発点とし，調査した仮説が正しければ，その他の事実も真と判断できる検証可能な予測をたてて，遡行推測を補完する手続きである．このように，H-D法とは我々の発想の信頼性を評価する方法である．森林地帯の例でいえば，林縁からの距離，微気候，捕食者の生息数，その他の森林構造の各要素から，動物個体群の評価指標（例えば，生息数，繁殖成功度）への影響を確かめるための実験を計画することになるだろう．

こうした手続きの結果，自然復元が成功した暁には，一連の生態学的相互関係に関して基礎的な知見を得ることができる．情報源（学術雑誌，書籍，口コミ）の慎重な評価と，情報入手の手段は，その情報が信頼に値するかどうかの鍵となる．H-D法に基づく厳格な研究は批判に耐えうる情報であることを証明することができるため，帰納法的な発想よりも明らかに信頼できる．しかし，生態学における多くの研究は，帰納法または遡行推測的な方法に基づいている．そのため，このことが，多くの研究者が，関係性をもたらす原因を決定するメカニズムの研究を求めてきた理由の1つである（Gavin 1989）．もし背後にある「プロセス」が理解可能であるならば，ひとつの地域（または一回の試行）で得られた結果を，他へ転用することも可能になる．H-D法の利点を上に述べたが，これは帰納法的研究または遡行推測的研究の有用性を貶めるものではない．ここで述べたいことは，我々はそれらの科学的手続きから言及できる以上のことを推測してはならないということである．そして，我々は，先入観や信頼できない情報に由来する結論や自然復元計画を安易に用いようとする誘惑に打ち勝たなければならない．

4.2 研究としてのモニタリング

資源管理者の中には，モニタリングは研究とは異なり，計画や実施をそれほど厳密に行う必要がないという誤解を持っている人が多い．この誤解が，計画不十分の研究と粗悪な管理決定の元凶となっている（Morrison and Marcot 1994）．Green (1979：68) の定義のように，モニタリングは，現状からの変化を発見するために実施される．それ故，モニタリングによって得られるデータは，将来の変化（影響）を測定する際の基準となる．しかし，その精度は，モニタリングの厳格さ次第となる．単に，何かの役に立つかもしれないという希望的観測で「野外に出て，何らかのデータを

図 4.1 技術の進歩によって，広範囲に分布する種の移動，生息地利用，死亡率をモニタリングすることが可能になる．この写真は，アリゾナ州南部でメスのオオツノヒツジにGPS発信器を取りつけているところである．（写真提供：Paul R. Krausman）．

集めてくる」というのでは，あまりに愚かな計画である．

したがって，モニタリングを発展させるには，研究者は前もって，どの程度の変化を「影響」と考えるのかを決定しなければならない（図4.1）．この決定により，サンプリングの強度（例えば研究対象地の数）と頻度（例えばサンプリングの時間間隔）が決められることになる．もし，ある動物の生息数の変化が自然復元事業の焦点（目標）となっているならば，まず生物学的に意味があると考えられる生息数の変化を決定しなければならない．その上で，望む確度の変化を検出することができるサンプリング計画と手順を練り上げる段階に至ることができる．モニタリングの設計と実施については第6章で記述する．モニタリングの詳細についてはMorrison et al.（2001）も参照していただきたい．

4.3 研究設計の原則

研究設計に関する古典的な研究として，Green（1979）は環境研究のためのサンプリング計画と統計学的分析の基礎的原則を開発した．表4.1は，植物の移植と復元に関連して，Morrison（1997）がその原則について考察したものである．ここでは，野生動物と生息地の復元という観点から，Greenの原則についていくつか検討したい．

研究の目標は，当初の問題提示（例えば，在来齧歯類は外来植物の種子を食べるか）から帰無仮説の提示（例えば，外来種子の密度は特定の在来齧歯類の生息数を有意に減らさない）へと変化していく．こうした手順に基づき研究を発展させることは不可欠である．やり方を誤れば，その後の研究を無に帰してしまうかもしれない．研究の目

4.3 研究設計の原則

表 4.1 研究設計の十大原則

1. 自らの疑問を，他人に簡潔に論述できるようにする．研究結果は，課題の初期着想に対して首尾一貫し，理解しやすいものになるであろう．
2. 時間，位置，その他の制御変数のそれぞれの組み合わせにおいてサンプリングを反復させる．反復は必須である．
3. それぞれの制御変数の組み合わせにおいて，同数の無作為サンプリングを行う．
4. ある環境条件の影響を明らかにするために，ある対象の環境条件以外は同じ環境の下でサンプリングを行う．その「影響」は対照群との比較によってのみ示される．
5. サンプリング設計と分析方法の選択の評価基準となる予備サンプリングを実施する．
6. 実際のサンプル集団が対象母集団からの抽出サンプルであること，そして，想定されたサンプリング条件の全範囲にわたって，同等かつ十分なサンプリング努力が行われていることを実証する．
7. サンプリングの対象地が大規模な環境様式を持つ場合，対象地を同質の小地域に分割し，各小地域の面積に対するサンプル数を比例配分する．
8. サンプリング対象の生物集団の大きさ・密度・空間的分布に対するサンプル集団の適当性を実証する．これに基づく，望む精度を得るために必要な反復サンプリング数を概算する．
9. 誤差変動の均質性，正規性，平均値の独立性を検討するためにデータを検定する．
10. 仮説検定のための最良の統計手法を選択することによって，結果は望ましいものとなる．予想外の結果や望ましくない結果が出たからといって，その方法を否定し，よりよい方法を探すような手続きは正当化されない．

(R. H. Green, *Sampling Designs and Statistical Methods for Environmental Biologists.* Copyright 1979. John Wiley & Sons)

標を決定する上で，結果が空間的にも時間的にも応用可能であるようにしなければならない．目標が広範囲に分布する外来種を減少させる最善の手段を見つけることであるとする．その外来種の生息環境が多種多様である場合，空間と時間が限定された調査地で研究したとしても，汎用性を持つ結果はもたらされないだろう．こうした注意によって，サンプリングの空間的・時間的な特徴が決定されることになる．

調査者は，設計段階において結果に関して望ましい信頼度を決定しなければならない．「林冠植被の減少がある種の繁殖成功度を50±10%減少させるか」を検証するためには，「繁殖成功度を50±25%減少させるか」を検証する際よりも厳密なサンプリングを必要とする．同様に，林冠植被がある動物の繁殖率を「変動させるか」と「低下させるか」を検証するのとでは異なる．検討事項とそれらについて信頼に足る回答を得るために必要なサンプル数には，明らかに相互関係がある．それゆえ，結果から推測できる一般則もそれらと関係している．

予備研究を実施することは重要だが，しばしば見落とされる段階である．予備研究は，最良のサンプリング設計やサンプリング強度，サンプリング方法についての知見がほとんどない場合に必要である．Green（1979：31）は，「十分な時間がないことを理由にこの段階を飛ばす人々は，たいてい時間を浪費することになる」と警告している．予備研究によって，対象とする個体群や環境の要素を実際に抽出できることが証明可能になる．そしてまた，特定の方法論に執着する前に，サンプル数を評価し，サンプリング技術を修正することが可能になる．しかし，予備研究はたいてい省略されてしまい，一連の調査研究において，より多くの時間とお金を浪費する末路を辿ることになる．闇雲に狙いを定める前に，まず「研究を研究する」べきである．予備研究で用いられる方法が，今までに使われたことがないような極めて特殊な研究である場合はほとんどない．したがって，予備研究の間に集められた多くのデータは，すべてのデータセットとともに分析に供試可能である．

もし地域によってサンプリングに違いがあるならば，それらの標本を比較する際には常に「偏り」が存在することに注意しなければならない．動物の捕獲が必要となる研究では，異なる種，もしくは同種であっても性や齢によって，捕獲のしやすさが異なることが知られている．ある地域で種組

1. 影響はすでに発生しているか？
2. その場所と時間は既知か？
3. 対照群はあるか？

主要な思考手順
説明

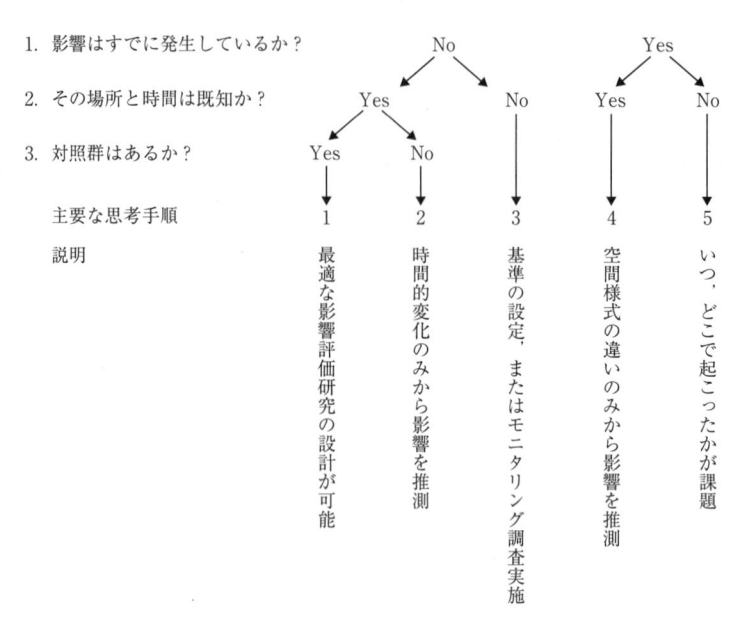

1 最適な影響評価研究の設計が可能
2 時間的変化のみから影響を推測
3 基準の設定，またはモニタリング調査実施
4 空間様式の違いのみから影響を推測
5 いつ，どこで起こったかが課題

図4.2 環境科学を扱う研究における「主要な思考手順」の流れ．
(R. H. Green, *Sampling Designs and Statistical Methods for Environmental Biologists*, Figure 3.4. Page 72. Copyright 1979. John Wiley & Sons)

成や植生状態を適切にサンプリングするために，異なるサンプリング器具やサンプリング方法が必要となる場合もある．もし，ある特定のサンプリング方法が，すべての研究対象地域に対して一貫して適用されるなら，「偏り」は問題にはならないだろう．しかし，その偏りを明示した場合，その研究の重要性が他人から低く見られてしまうこともある．計画段階のうちに潜在的な「偏り」を明確にし，それらの影響を除去する手段をとるべきである．Green (1979：38-39) が指摘したように，サンプリング単位を確立する際に，生物の空間分布が重要となる．多くの生態学者は，自身の調査研究を公表する際に，査読者（ピアレビュア）が納得する十分な成果であるように見せるために，データ数を多くすればよいと考えがちである．しかし，与えられた限りある予算では，サンプリング過剰でもサンプリング不足でも時間の無駄である．

Green (1979：44) は，環境研究に次のような傾向があると主張している．それは，方法論的仮定や統計学的仮定があるという事実を完全に無視するか，あるいは，こだわりすぎてノンパラメトリックな手段にばかり頼るという傾向である．また，Green は，研究手法の仮定はそれを選択した時点で理解しておくべきであること，仮定が崩れる可能性や仮定の重要性に言及しておくべきであること，そして研究手法を使用する際は，その危険性や可能な改善策に配慮して実施するべきであることも主張している．正規性や等分散性のような仮定が（特に多変量データでは）合致することはまずない．しかし，仮定と合致しない場合でも，必ずしもパラメトリック検定が使用できないわけでない．なぜなら，十分なサンプル数が得られれば，おおむね正しい結果が得られるからだ．生物学的現象は，直線的な分布，または群間で等しい分布をしているとは考えにくく，逆にそのような状況は異常であると考えてよい．Green (1979：43-63) は，多くの一般的な統計学的教科書に従って，データの変換方法やそれに関連する話題について詳しく議論している．

最適な研究設計を行うためには，いくつかの必要条件がある．第一に，「影響（変化の意味で使用される一般的な用語．例えば自然復元事業の実施・処理のこと）」が発生していない状態でなければならない．それは，「影響」前（事業実施前）のデータが，「影響」後のデータと比較するための経時的な基軸（対照群）となる必要があるからである．第二に，「影響」の種類と発生時間，発生場所が把握されていなければならない．第三に対照群が存在しなければならない（図4.2フロー1）．Greenが指摘したように，最適な研究設計とは，復元事業が場所と時間の交互作用を明確にできるような，研究デザイン（要因配置デザイン）である．こうした最適な計画のための必要条件が満たされたら，次に，サンプリング計画と統計分析の選択は，「『影響』を受けた地域におけるいかなる変化も対照群と異ならない」という帰無仮説を検定する研究者の能力に委ねられる．それは，「影響」を受けた地域に現れた特有の変化をその「影響」と関連づけ，そして「影響」とは無関係に自然発生する変化と「影響」による変化とを区別する能力である（Green 1979：71）．したがって，最適な自然復元事業では，計画実施に先立って基準となるデータを集め，自然復元事業に対する動植物の正確な反応を確実に把握するために適切な対照区が設置されるべきである．

4.3.1 最適・次善の研究設計

時には，最適な研究設計の基準を満たすことが不可能となることもある．何らかの「影響」が不意に起きた場合，おそらく最適な計画を実行するための十分な時間や資金はなく，基準となるべき地域（対照区）の設定は困難であったり，場合によっては不可能であったりする．そのような場合，次善の策を講じなければならない．対照区がないならば（図4.2フロー2），対象とする地域に生じた何らかの変化が，摘出すべき有意な変化で

あるか否かを経時的な変化のみから推測しなければならない．もし「影響」が発生する地域やタイミングが予期できないのであれば（例えば，火事，洪水，病気の発生），その予期せぬ影響が発生した時点からの調査研究こそが基準，あるいはモニタリング調査の出発点になる（図4.2フロー3）．もし，調査研究が空間的に適切に設計されていれば，影響のない地域は対照区として利用できるだろう．モニタリング調査が研究であることは間違いのないことであり，適切に設計されていれば精密な実験方法の発展を可能にするものであることをここでもう一度述べておきたい．

しかし，土地の管理者にとって予期せぬ「影響」が起こることも少なくない．このようなケースにおいては（図4.2フロー4），「影響」が地域にもたらしている効果を，その「影響」の程度が異なる地域から推測しなければならない．自然復元において，事業目的とは何らかの環境破壊を修復することであるため，こういう状況はままあることである．時には，ある「影響」が生じていることがわかっていても（図4.2フロー5），それが生じた時間と場所を正確に把握することができないことがある．

前述のように，Green（1979）は環境研究におけるサンプリング計画の基本原則を提案した．特に，彼の対照区事前事後影響比較（Before-After-Control-Impact：BACI）計画（図4.2フロー1）は，現在多くの計画が準拠するようになっている．しかし，既述のように，対象とする「影響」を原因とせずに，事前事後のサンプリングの間で何らかの違い（変化）が生じるかもしれない（Hurlbert 1984：Underwood 1994）．そこで，Bernstein and Zalinski（1983）やStewart-Oaten et al.（1986）といった研究者はBACIを発展させ，「影響」前後にサンプリングを複数回行う反復計画を開発した．さらに，Osenberg et al.（1994）はBACIを改善し，BACIP（BACI

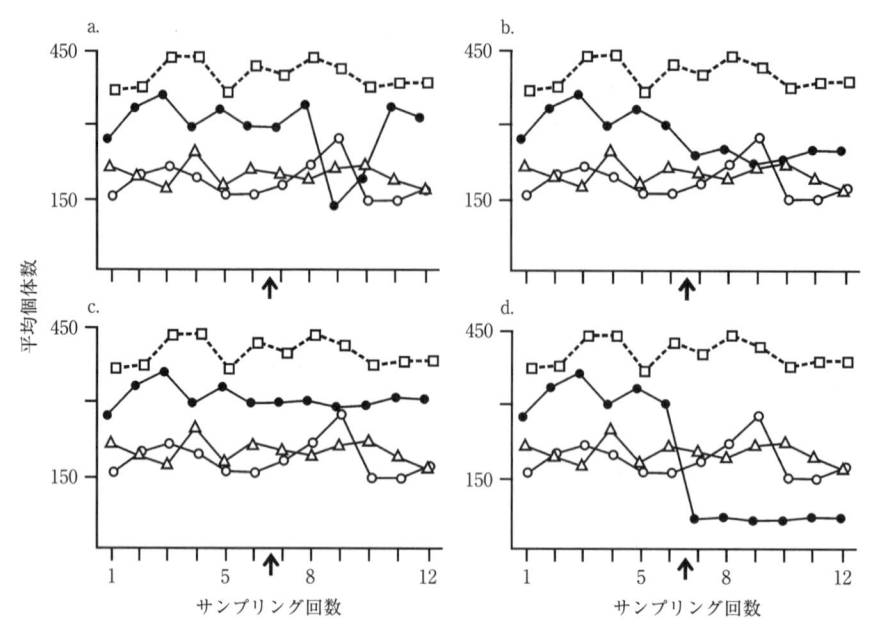

図 4.3 3つの対照区と1つの環境攪乱区（黒丸）におけるシミュレーション．すべて攪乱前後に6回ずつサンプリングを行った（矢印は攪乱が起こったタイミング）．(a-b)「影響」は攪乱後の経時的な分散の変化である．経時的な標準偏差は (a) で5倍，(b) で0.5倍．(c-d) 量の減少は (c) で最初の平均の0.8倍，(d) で0.2倍である．
(A. J. Underwood, "On Beyond BACI: Sampling Designs That Might Reliably Detect Environmental Disturbances," Figure 3. *Ecological Applications* **4**: 3-15. Copyright 1994)

design with paired sampling）を提案した．BACIPは，対照区と影響区の両方において，事前事後一対（同時またはそれに近い）のサンプリングを複数回必要とする．対象とする計測値は，評価日ごとの対照区と影響区の変数値の違い（統計学用語でいうΔ，差分）である（詳細はMorrison et al. 2001を参照）．

しかし，同じ場所での反復サンプリングの際には，Hurlbert（1984）が広めたサンプリングの問題である擬似反復*を考慮する必要がある．一般に生態学者は同じ場所で異なった時間（毎週，毎月）にサンプリングを行い，各サンプリング結果を独立標本とみなす．しかしそのような計画は，たいてい自由度を恣意的につり上げ，統計分析を誤らせる．同じ場所における反復サンプリングであったとしても，BACIにおけるこうした時間的修正では，空間的反復の不足という問題は解決されない．多くの生態学者が承知しているように，生物は異なった場所では，異なった時間的性向を持つのが普通である（Underwood 1994）．影響区における反復サンプリングが利用できなかったり（例えば，予期せぬ出来事の場合），実行できなかったりすること（例えば，大規模な実験の場合）が多いが，通常対照区における反復サンプリングは可能である．また，対照区は影響区とまったく同質でなければならないという誤解がある．しかし，対照区は，物理学的特性，気象状況，種といった影響区と同様の一般的な特徴を有する場所をランダムに選定したものでありさえすればよい．対照区は，影響区で生じている（または起きると予期される）各々の状態変化を把握できる場所でなければならない．影響区内で生じた

（訳注）**擬似反復**： 独立性の保たれていないデータを用いて反復サンプリングを行うこと

ない.なぜなら危険率はサンプル数の増加にしたがって変化するためである (Morrison 1984). 図4.4に,いくつかの植物種において,サンプル数の増加によって平均値と標準偏差の推定値がどのように変化するかを例に示した.また,データが(観察者の主観を含む)目視観察によるものか,器具によるものかによって数値がかなり異なることにも注意していただきたい.

サンプル数に対して,第1種の過誤を犯す確率(α:実際は真である帰無仮説を棄却する確率)と第2種の過誤を犯す確率(β:実際は偽である帰無仮説を棄却しない確率)は反比例の関係にある(通常,$\beta=1-\alpha$).第1種の過誤を犯す確率を低くすることは,第2種の過誤を犯す確率を高くすることにつながる.2つの過誤を最小化するための唯一の方法はサンプル数を増やすことである.検出力を強化することは,土地管理者にとって特に重要である.検出力の低い方法を採用すると,誤ってある処理(または影響)の効果は何もないという結論に達する可能性がある.検出力の低い検定によって,「違いはない」という帰無仮説を棄却した場合もまた,誤った結論に達した可能性がある.そのような場合には,注意を喚起し,さらなる研究を促す必要がある.

信頼できる結果を得るために必要なサンプル数の推定法に関する公式は多数存在しており,ほぼすべての基礎統計学の教科書に掲載されている(例えばCochran 1977;Sokal and Rohlf 1981;Zar 1984;Petit et al. 1990を参照).これら多くの手法には,実験単位群間で差を検証できる利点や,第1種,第2種の過誤の確率を示せるという利点がある.つまり,統計学的に理にかなったサンプル数の推定が重要なのである.難しいのは,こうした多くの方法が,個体数の分散に関して,精度の高い推定を要求することである.もしこの分散が不明なら,文献から推定したり,研究の進行に伴って,適宜推定したりすればよい.そのような逐次サンプリングを用いることにより,研究の進展に伴って,方法と作業量を改良することが可能になる.また,単なる大量のデータ収集をすることで満足するような状態を回避することができる.逐次サンプリングの手法は,多くの研究者によって論じられている (Kuno 1972;Green 1979;Block et al. 1987;Morrison 1988).

前にも示したように,必要なサンプル数は必要な精度による.Green (1979) は,広範囲の野外データにおいて,望む精度を得るために必要なサンプル数は,測定の単位(例えば密度)から独立で,望む精度の2乗の逆数にほぼ等しいことを示している.例えば,もし密度を95%信頼限界で平均値±20%の精度で推定する場合,精度はほぼ0.10で,サンプル数は約100である.もし±40%で十分ならば,サンプル数は約25でよい (Morrison 1988を参照).必要な反復回数は,検定手法によっても変化するだろう.例えば,乱塊法の場合,ノンパラメトリックのウィルコクソン検定を使用して有意差 ($P<0.05$) を検証する際には,最小で6回の反復が必要であるが,マン・ホイットニーのU検定を使用する際にはたった4回の反復でよい (Hurlbert 1984).

希少な個体群からサンプリングする場合は,特別な配慮が必要となる.独立したサンプルを多数収集することは不可能である.サンプル数の少なさによる影響を詳しく解析しながら,時間と空間で観察を層別化*することで,少なくともいくらかの信頼性を高めることができるだろう.さらに,様々な研究者が,希少な個体群からサンプリングするための統計学的方法を発展させている (Cochran 1977;Green and Young 1993;Thompson et al. 1998).

Johnson (1981) は,サンプル数を決定するための3つの指針を提案している.第一に,平均値

(訳注) **層別化**: 得られたサンプルを任意の条件で複数の部分集団に分類する統計処理

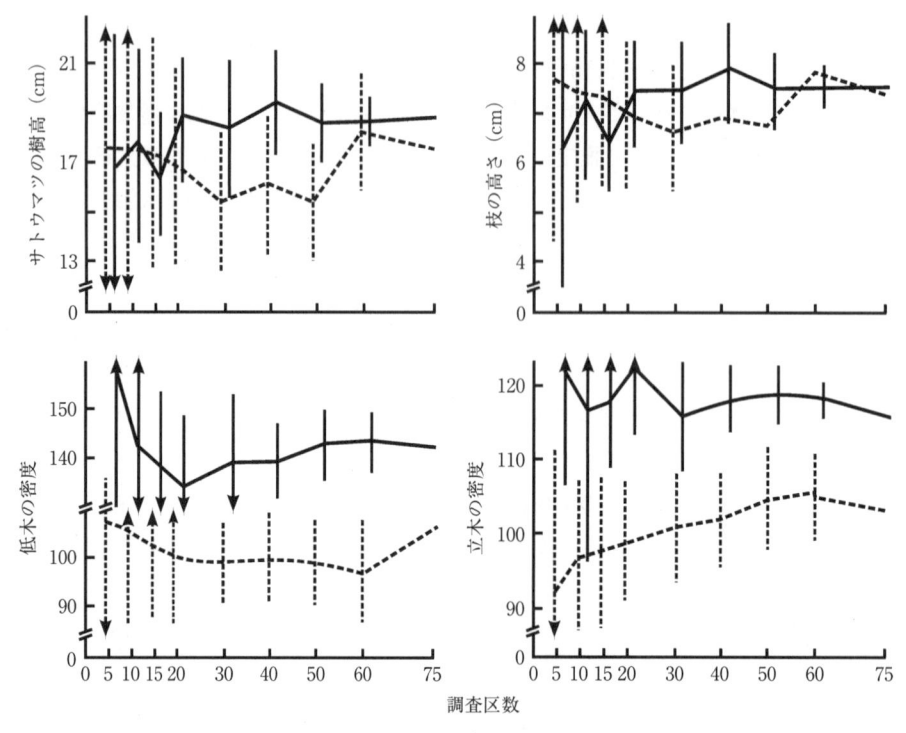

図 4.4 鳥類生息地の特性を示す推定値（水平方向の破線）と測定値（水平方向の実線）の安定性に対するサンプルサイズの影響．垂直方向の破線と実線は，それぞれ推定値および測定値から導かれる標準偏差．各変数は，サトウマツの樹高平均と最下部生枝下高の平均，調査区内の低木個体数平均と立木数平均を示す．
(W. M. Block et al., "On Measuring Bird Habitat: Influences of Observer Variability and Sample Size," Figure 2. *Condor* **89**: 241-251. Copyright 1987 より転載)

「影響」がそこに生息するサンプリング対象群の個体数変動の原因であり，影響区における変化は対照区のものと異なっていなければならない（図 4.3）．研究場所の選択は，この章の後半で概説する．

4.3.2 望ましい精度：統計学的有意性と検出力

データは個人の手書きの観察記録から，洗練された測定器具を用いて得られた情報まで多岐にわたる．「私は種 A がマツよりもナラを多く利用するのを観察した」というような定性的な表現であるか，「私は種 A がマツ（$\chi = 11.0\%$；SD = 3.15）よりもナラ（$\chi = 25.5\%$；SD = 5.20）を有意に多く利用していることを見出した」というような定量的な表現であるかにかかわらず，観察によってその情報を手に入れる．多くの場合，2 番目の例をより信頼できる情報であると信じているのではないだろうか．しかし本当にそうだろうか？

有意性について言及があるからといって，そちらの方が信頼に足るとは必ずしもいえない．もし，「75 回の観察に基づくと…」と前者の例に加え，「自由度 = 6」と後者の例に加えるなら，たとえ後者に統計学的有意差がみられたとしても，私は間違いなく前者を信用する．つまるところ，付随している P 値（有意確率）がどうであれ，サンプル数を確認することなしに，データセットが適切であるとみなすべきではない．

P 値が有意であるからといって必ずしも結果が正しいわけではない．サンプル数の変動によって誤った，あるいは矛盾した結論に達するかもしれ

と分散を含めた推定値の安定性を検証すること（逐次サンプル数分析）．第二に，データの変動の原因究明と，それらの重要度を比較すること．観察者の能力による変動，経時的な変動，手法による変動など，こうした諸々の要因が推定値の分散を増加させる．この変動を克服するためには，単にサンプル数を増加させるよりも，最初から変動を減少させる方がより手間が少ない．第三に，多変量解析の場合，必要なサンプル数は，式の変数の増加に伴って増やすこと．多変量解析ではそれぞれの変数に対して，正味の最小サンプル数の20標本に加えて，変数毎に3～5標本を更に加える必要があるだろう．

思いつきの検定法や複雑なデータ変換をしたとしても，データが不十分な研究を科学的に正当化することはできない．十分なデータを集めることに失敗した言い訳は述べられたとしても，収集したサンプル数の少なさが結論に与える影響まで正当化することはできない．

すべての生態学的研究において，我々は意味のある生物学的効果の大きさ（程度）を認識することに関心を持つべきである．すなわち，検定による統計学的有意性の有無にかかわらず，その違いに生物学的に意味があるのかどうかを検討しなければならない．自然復元の目標は，例えば「繁殖させている種の個体数を20％増加させること」に向けられているかもしれない．その場合，研究は，実際に20％の増加をなしとげるために設計されなければならず，単に「統計学的に有意な増加」（それは20％以下かもしれない）を証明するためだけに設計されてはならない．野生動物の研究に大きく関わるこの問題に関連する最近の論文として，Johnson（1999）と Anderson et al. (2000) を参照していただきたい．

4.4 実験設計

実験は主に測定実験と操作実験の2つに分類される．測定実験は，1つあるいはそれ以上の異なる場所あるいは時点において，人為的な処理がなされていない事象を測定することである．対照的に，操作実験は2つ以上の処理実験を，異なる実験単位群に対して無作為に施すことである（Morrison et al. 2001：31-32）．どちらか一方がより頑健であるわけではなく，研究目標次第で選択する．しかし，実験者の管理下で行われる操作実験には，実際に実験処理できることや，処理の程度に対する反応（の変化）を評価できるという利点がある．実験を発展させる際は，反復，対照群，任意性，独立性を考慮することは不可欠である．説得力のある実験設計に必要な手段を述べたHurlbert（1984）の総説は非常に優れている．この節の内容の多くは，彼の研究に基づいている．

測定実験にせよ操作実験にせよ，対照群が必要なことは誰もが承知のことと思う．特に，生物学的システムは時間に伴い変化するために対照群が必要となる．Hurlbert（1984）が言及したように，実験による影響がないかぎり，ある生物学的なシステムが長期にわたって一定の状態に保たれることが保障されるのであれば，独立した対照群は不要であろう（比較の際に，対象地域の処理前のデータがあれば十分であろう）．また，多くの実験では対照群を設置することによって，ある一連の実験処理過程のそれぞれの段階における効果を区別できる．

また，対照群とは，ある実験群と同じ特徴を持ったものともいえる．対照群によって，影響区の経時的変化と処理の効果を調節できる．無作為サンプリングをすることで，実験単位を処理群に割り当てる際に生じる実験者による偏りを減らす

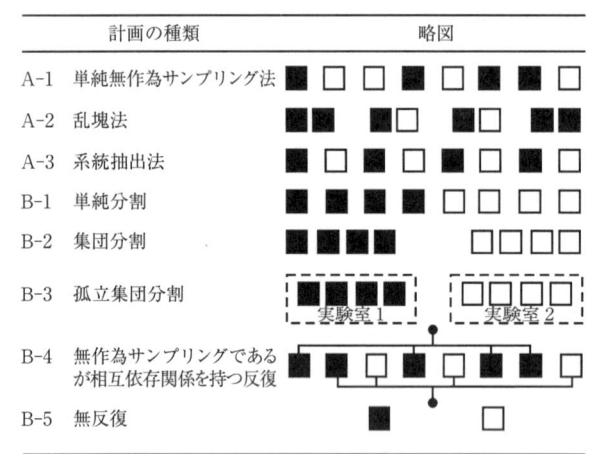

計画の種類	略図
A-1 単純無作為サンプリング法	■ □ ■ □ ■ ■ □
A-2 乱塊法	■ ■ □ ■ □ □ ■
A-3 系統抽出法	■ □ ■ □ ■ □ ■
B-1 単純分割	■ ■ ■ ■ □ □ □
B-2 集団分割	■ ■ ■ ■ □ □ □
B-3 孤立集団分割	［■ ■ ■］実験室1　［□ □ □］実験室2
B-4 無作為サンプリングであるが相互依存関係を持つ反復	■ □ ■ □ ■ □
B-5 無反復	■ □

図 4.5　2つの処理実験（□と■）における各処理群配置のモデル．A の各配置は許容可能な計画であるが，B の各配置は不適切である．
(S. H. Hurlbert, "Pseudoreplication and the Design of Ecological Field Experiments," Figure 1. *Ecological Monographs* **54**：187-211. Copyright 1984)

ことができる．反復サンプリングによって，1つの研究内で処理に対する応答間の差を検証できる．調査区画を分散させることによって，実験単位間に通常みられる空間的な差異を調節できる．ここでいう対照群とは，実験単位の同質性，処理手順の正確さ，実験が行われる物理的環境の加減を示す指標ともいえる．Hurlbert が指摘するように，実験の適切さは，実験中の物理的状態を制御する能力と，十分な数の対照群（例えば反復対照群のような）を確保することにかかっている．

反復サンプリングによって，任意変動（ノイズ）や誤差を減らすことができ，これにより推定の精度を上げることができる．無作為サンプリングによって，実験者による潜在的な偏りを減らすことができ，これによっても推定の精度を上げることができる．例えば，ある種の個体数は処理区と対照区で異ならないという帰無仮説を設定する．処理区と対照区の双方にモザイク状に牧草地と森林が分布している．もし，対象種が牧草地にのみ出現するならば，牧草地と森林の両方にまたがった全域からの無作為サンプリングは，無駄に誤差変動（平均値からの偏差の二乗和）を増加させる効率の悪い実験設計である．このことは次の2つの理由からも明らかである．すなわち，牧草地対森林という誤差ばかりでなく，対照区と処理区間に

おける変動が，それぞれの区内の変動よりも減少してしまう誤りもあるため，結果として帰無仮説に対する検出力を低下させるからである．Green (1979) は，サンプリングの設計について，さらにいくつかの異なる例を示している．

独立性とは，ある事象が他の事象の発生に影響を受けずに発生する確率である．統計分析においては，誤差項が独立に分布すると仮定しなければならない．時間と空間において実験標本に相関があると，独立性が保たれない（Sokal and Rohlf 1981）．ノンパラメトリックの統計を用いればこの仮定を無視できると誤解されることが多いが，それは間違いである．

Hurlbert (1984) は，2つの処理実験を行う際の処理区の配置方法を紹介している（図4.5）．図4.5の四角はそれぞれ処理区（ある研究対象地の一調査区，研究対象地，動物の各個体）を表す．A は許容できる配置方法だが，B は許容できない．以下にそれぞれの計画の主な特徴をまとめた．

a. 単純無作為サンプリング法（A-1）

これは最も基本的な処理区の配置法である．しかし，処理区ごとに十分な空間的独立性を持たせることが通常難しいため，野外実験ではほとんど用いられることはない．それは生物が何らかの様式にしたがって集合しているためである（例えば

動物や植物が持つ分布特性)．したがって，(場合によっては) 処理区同士を近くに設定してしまう危険性がある (図 4.5 参照)．

b. 乱塊法 (A-2)

この方法は野外調査で一般的に使用されており，単純無作為サンプリング法で生じる問題の多くを克服できる．そして，処理区と対照区が対になっているため，調査区間の環境傾度の違いによって生ずる分散を減少させられる．

c. 系統抽出法 (A-3)

これもよく用いられる設計の1つで，一番目の処理区を任意に設定し，それ以降の処理区と対照区を一定間隔で設定するという単純な手法である．野外調査におけるこの手法には，実験区が標高，土壌，植物，その他多くの (しばしば相互関係を持つ) 要因など，何らかの環境傾度に沿って設置されてしまうかもしれない，という潜在的な問題がある．乱塊法 (A-2) には，実験結果が受けるそのような問題の影響を減少させる効果がある．

d. 単純分割 (B-1)，集団分割 (B-2)，孤立集団分割 (B-3)

これらの設計は，処理群と対照群が離れて配置されているという明らかな欠点があるため，野外ではほとんど用いられない (B-3 は本来，室内実験における設計である)．したがって，実験開始時に既に存在している処理群と対照群との間にある何らかの違いが，実験結果を誤った方向に向かわせるかもしれず，実験者は決して問題点を洗い出すことができないだろう．例えば，ある地域における土壌中の微量栄養素の違いが，処理効果がないにかかわらず，ある処理に対する植物の反応の違いとして現れるかもしれない．さらに，実験開始後の (大災害のような) 予期せぬ変化があったとしても，処理区同士 (もしくは処理区と対照区) が分割されているため，どちらか一方のみしか影響を受けないかもしれない．

e. 物理的相互依存関係を持つ反復 (B-4)

この設計では，化学物質の供給源や発熱体，水源などの装置が複数の実験区につながっている．この設計は他の場合でも使用されるかもしれないが，誤った処理効果をもたらしやすい．また，もし共通している装置が故障した場合，失敗しやすい．したがって，設計と実施のいずれにおいても，この設計は避けるべきである．実験単位ごとに異なった装置が用いられるべきであり，それによってこの配置を回避できる (つまり，図4.5 の A のような配置である)．

f. 無反復 (B-5)

この計画の問題点は明らかであるにもかかわらず，頻繁に用いられる手法である．生態系のシステムは巨大であるため，あるいはその本質的な問題のため，対象地域内で反復することができないこともある．例えば，単なる科学的目的のためだけに，唯一存在する外来草本の生育地を複製しようとする管理者はいない．この問題は，特に (有毒物質による偶発的な河川汚染のような) 環境影響評価に関係がある．反復のない研究では，通常，深刻な擬似反復に悩まされる (Hurlbert 1984)．また，そうでなかったとしても，反復のない研究の結果は調査地域の近隣においてさえ応用できない．

ま と め

自然復元事業の成功は，厳格に研究設計することとそれを厳守することにかかっている．復元事業者は，適切な統計分析法も含めて，研究の全体像をあらかじめ検討することなく，事業を実施し

てはならない．もし，野外調査を主にするならば，大まかであったとしても，必要なサンプル数の見積もりが不可欠である．サンプリングは多すぎても少なすぎても適切とはいえない．予備データの収集，初期段階のサンプリング努力量の評価，研究目的と研究手法の修正も，研究の一部でなければならない．

形式的な統計学的検定は研究の中核をなすが，明らかとなった生物学的結果の重要性に関する議論を伴っていなければならない．単なる統計学的有意差を検出しただけで，生物学的な評価から乖離した場合，それはほとんど意味をなさない．

統計学に関する文献や，ますます増加する野生動物に関する文献によって，野外研究の設計，実施，分析，解釈に関して詳細な指針が示されている．復元事業者と野生動物学者の全てが，特に研究の設計段階において，それらの文献に目を通すことを強く勧める．

引用文献

Anderson, D. R., K. P. Burnham, and W. L. Thompson. 2000. Null hypothesis testing: Problems, prevalence, and an alternative. *Journal of Wildlife Management* **64**: 912-923.

Bernstein, B. B., and J. Zlinski. 1983. An optimum sampling design and power tests for environmental biologists. *Journal of Environmental Management* **16**: 35-43.

Block, W. M., K. A. With, and M. L. Morrrison. 1987. On measuring bird habitat: Influences of observer variability and sample size. *Condor* **89**: 241-251.

Cochran, W. G. 1977. Sampling Techniques. 3rd ed. John Wiley & Sons.

Gavin, T. A. 1989. What's wrong with the questions we ask in wildlife research? *Wildlife Society Bulletin* **17**: 345-350.

Green, R. H. 1979. *Sampling Designs and Statistical Methods for Environmental Biologists*. John Wiley & Sons.

Green, R. H. and R. C. Young. 1993. Sampling to detect rare species. *Ecological Applications* **3**: 351-356.

Hurlbert, S. H. 1984. Pseudoreplication and the design of ecological field experiments. *Ecological Monographs* **54**: 187-211.

Johnson, D. H. 1981. How to measure habitat—a statistical perspective. Pages 53-57 in D. E. Capen (ed.), *The Use of Multivariate Statistics in Studies of Wildlife Habitat*. General Technical Report RM-87. USDA Forest Service.

_____. 1999. The insignificance of statistical significance testing. *Journal of Wildlife Management* **63**: 763-772.

Kuno, E. 1972. Some notes on population estimation by sequential sampling. *Research in Population Ecology* **14**: 58-73.

Morrison, M. L. 1984. Influence of sample size on discriminant function analyses of habitat use by birds. *Journal of Field Ornithology* **55**: 330-335.

_____. 1988. On sample sizes and reliable information. *Condor* **90**: 275-278.

_____. 1997. Experimental design for plant removal and restoration. Pages 104-116 in J. O. Lucken and J. W. Thieret (eds.), *Assessment and Management of Plant Invasions*. Springer-Verlag.

Morrison, M. L., and B. G. Marcot., 1994. An evaluation of resource inventory and monitoring programs used in national forest planning. *Environmental Management* **19**: 147-156.

Morrison, M. L., and B. G. Marcot. and R. W. Mannan. 1998. *Wildlife-Habitat Relationships: Concepts and Applications*. 2nd ed. University of Wisconsin Press.

Morrison, M. L., W. M. Block, M. D. Strickland, and W. L. Kendall. 2001. *Wildlife Study Design*. Springer-Verlag.

Osenberg, C. W., R. J. Schmitt, S. J. Holbrook, K. E. Abu-Saba, and A. R. Flegal. 1994. Detection of environmental impacts: Natural variability, effect size, and power analysis. *Ecological Applications* **4**: 16-30.

Peters, R. H. 1991. *A Critique for Ecology*. Cambridge University Press.

Petit, L. J., D. R. Petit, and K. G. Smith. 1990. Precision, confidence, and sample size in the quantification of avian foraging behavior. *Studies in Avian Biology* **13**: 193-198.

Romesburg, H. C. 1981. Wildlife science: Gaining reliable knowledge. *Journal of Wildlife Management* **45**: 293-313.

Sokal, R. R., and F. J. Rohlf. 1981. *Biometry*. Freeman.

Stewart-Oaten, A., W. M. Murdoch, and K. R. Parker. 1986. Environmental impact assessment: "Pseudoreplication" in time? *Ecology* **67**: 929-940.

Thompson, W. L., G. C. White, and C. Gowan. 1998. *Monitoring Vertebrate Populations*. Academic Press.

Underwood, A. J. 1994. On beyond BACI: Sampling designs that might reliably detect environmental disturbances. *Ecological Applications* **4**: 3-15.

Zar, J. H. 1984. *Biostatistical Analysis*. 2nd ed. Prentice-Hall.

5. モニタリングの基礎

　自然科学の目的は，自然に対する理解を深めることができる知識を得ることにある．復元事業者は実践と経験を通して，自分達の活動が改善されることを実感する．そして自らの活動記録を蓄積していけば，復元事業をより深く理解できるようになる．また，望む望まないに関わらず，その情報を他の人に理解させることができるようになる．理解と他者への伝達という2つの目標を達成させる方法として，「モニタリング」がある．しかし，モニタリングが頻繁に誤用されていることからもわかるように，そのやり方は一般的に正しく理解されていない．モニタリングは科学的に，かつ慎重に行われなければならない．モニタリングが調査研究とは異なるもの，あるいは，その計画や実行において，さほど厳密性を要求されないものとして扱われることがある．しかし，それは正しくない．

　この章では，野生動物およびその生息地の復元を行う際のモニタリング手法について述べる．しかし，ここで論じられている法則は生態学的なものである．自然復元事業において，モニタリングを実施するために選ばれるパラメータは事業目的によって異なる．例えば，ある種の餌資源を増加させることを目的とした事業では，資源量と共にその種の利用量もモニタリングすることが望ましい．さらに，同じ事業で，餌資源（例えば，高タンパク質含有の植物）の利用によってその種の繁殖成功率が（どの程度）増加したかを調べることも必要かもしれない．第6章では特に脊椎動物のサンプリング法について説明する．

5.1 定　　義

　モニタリングの定義は，「設定された地域・期間において，パラメータの質，量，働きを繰り返し評価すること」である（Thompson et al. 1998：3）．この用語はこれまで様々な意味で用いられてきたが，ここでは繰り返し測定する方法という意味でのみ用いる（図5.1）．モニタリングと野生動物のインベントリ（目録）調査（関連した用語である基礎モニタリングや評価モニタリングなどとも）とを混同することがある．モニタリングではある特定の期間（月，季節，年）内に，繰り返しサンプリングが行われるが，野生動物のインベントリでは一度しかデータ収集が行われない．それは，冬の動物の生息数や春の繁殖成功率といったようなものである．この評価法ではパラメータの経時的な変化については何の情報も得ることができない．インベントリを繰り返すことによって，一般的にはモニタリングに近い結果が得られるようになる．しかし，事前に計画をよく検討しなければ，精密な，すなわち信頼性の高いモニタリングを行うことはできない．モニタリングの他の用法については，Thompson et al.（1998）を参照していただきたい．

　Thompsonら（1998：6-7）はモニタリングの構造を説明するために，言葉の定義を行ってい

図 5.1 航空機などを用いて上空から行う動物の追跡調査（写真左）は，多くの種の生息分布や生息地利用を調査する上で有効な手段となる．ここに示したのは，ブリティッシュ・コロンビア州における森林性のカリブーの例である（写真右）．（写真提供：Bruce G. Marcot）

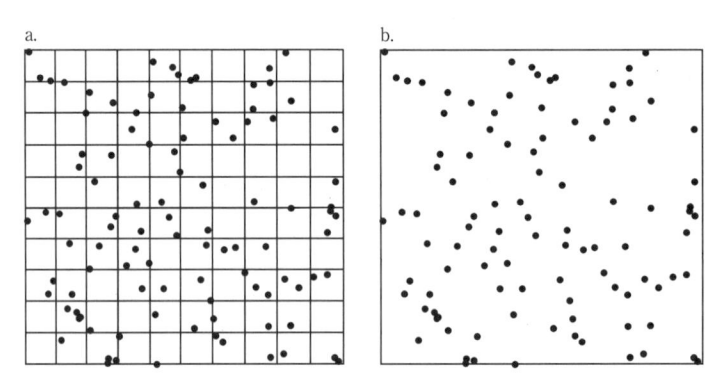

図 5.2 （a）サンプリングプロットの配置を十分に考慮したサンプリングフレームの例．測定対象「要素」（黒点）はランダムに分布している．対象地域がこのように整っていることは稀であるが，どのような地形であっても，フレームの設定についての方法は同じである．（b）サンプリングプロットがある場所の外枠を囲っただけのもの．測定対象「要素」（黒点）はランダム分布している．
（W. L. Thompson et al. 1998. *Monitoring Vertebrate Populations*, pp.8, Academic Press, Figure 1.3, 1.4）

る．測定したり，情報を記録したりするものが「要素"element"」である．動物個体，営巣場所，採食物といったものが「要素」である．「サンプリングユニット」はそれぞれの要素の集まりである．この定義に従うと，ある種に特有な場所や巣のように，時には「要素」と「サンプリングユニット」は同一である場合もある．しかし，多くの場合，ある特定の地域に生息する動物群やある範囲内に存在する巣の数といったような，複数の「要素」を集めたものがサンプリングユニットとされる．

サンプリングユニットを設定する地域が「サンプリングフレーム」である．例えば，サンプリングユニットが1つの調査区画であるならば，サンプリングフレームはすべてのサンプリングユニットを集めたもの（例えば，一覧表や地図など）となる．サンプリングフレームは要素を調べる方法ということもできる．これまでの用語論と重複する内容となるが，対象地をサンプリングユニットに細分化しなくても，対象地域の境界を設定することによって，要素をサンプリングすることは可能である（図5.2）．

サンプリングフレーム内のすべてのサンプリングユニットにおいてすべての要素を調べることは不可能であろう．調査地域が広すぎる場合や，急峻な地形やアクセス制限地域のために特定の区画に近づくことができない場合がある．したがって，サンプリングフレームからいくつかサンプルを抽出する．このときに抽出されたものを「サンプル個体群」と呼ぶ．サンプリングフレームから抽出する数が多いほど，より信頼性の高い結果が得られるだろう．

「対象個体群」とは，関心のあるすべての要素を測定する集団のことである．つまり，計画期間内に調査地域に生息し，調査対象となる要素のすべてを持ち合わせているものといえる．例えば，保護区内に生息するアナウサギの3年の個体数変動を調べるならば，3年の調査期間中に，保護区内で見られるすべてのアナウサギが対象個体群である．アナウサギの個体数を調べるためにはサンプリングユニット，サンプリングフレーム，そしてサンプル個体群を設定しなければならない．したがって，実際には対象個体群とは調査開始以前に既に決まっているのである．

5.2 野生動物のインベントリ調査

野生動物の実体を把握するためには野生動物のインベントリ調査を行う．それは野生動物やその生息地の分布や数，構造の調査である．インベントリ調査によって，ある地域内に生息する野生動物の現状に関する基礎情報を得ることができる場合が多い．例えば，開発に先立って行われる環境アセスメントの多くは，インベントリ調査の一形態である．インベントリ調査の目標は，対象地域に生息するインベントリ（種の目録）を作成することであると同時に，それらの種の個体数と生息場所についての理解を深めることでもある．しかし，次章で述べるように，インベントリ調査は簡単に行えるものではない．事業内容にもよるが，種のリストを作成するためには，数カ月にわたるサンプリングが必要となることもある．

自然復元事業の一環として行うインベントリ調査は，調査地域内の現状，つまり復元事業開始前の状況を明確にする目的で行う．種の生息を証明するということはそれほど難しいことではない．目視や音声，何らかの痕跡によって確認すればよい．しかし，もしある種を確認することができなくても，その生息を否定することはできない（もしかしたら，調査期間外にその地域を利用しているかもしれない）．結果が信頼されるためには，調査方法とそれを行う頻度は注意深く決めなければならない．

5.3 モニタリング

モニタリングとは資源の変化を調べるものである．インベントリ調査とは動物の現状を把握するだけのものであったが，モニタリングとは動態を評価するものである．モニタリングの対象となる指標の多くはインベントリ調査のものと重複したり，場合によっては一致したりすることもあるだろう．しかし，生存率や繰り返しサンプリングが必要となるもの（例えば，樹木の成長率）など，モニタリングに特有なものもある．動態を把握するためのモニタリングでは，対象個体群が通常さらされている環境変化（旱魃など）が含まれるように調査期間を設定する必要がある．モニタリングの目的は復元事業の効果測定の場合もあるし，一般的な傾向を把握する場合もある．その目的に

は以下のようなものがある．

- 野生動物が利用する資源（例えば，樹種や食物など）の把握
- 対象個体群やその生息地に対する復元事業の影響評価
- 広域を対象にした種多様性の変化の把握
- 個体群パラメータ（例えば，数，密度，繁殖など）の変化測定
- 予測モデルの結果（達成度）の評価
- 植物相および動物相の経時的変化に関する評価

モニタリングによる評価方法は4つある．それらの内容は一部重複している．達成度評価モニタリングは実際の活動が当初の計画通りに行われているかを評価するものである．例えば，4年間に高さ3mのヤナギを40%定着させるために計画された自然復元事業では，その目標が達成されたかどうか評価される．効果性評価モニタリングは復元事業の本来の目標を満たしているかどうかが評価される．上記の事業において40%のヤナギを定着させた理由が，ヤナギを営巣場所とするメジロハエトリ（*Empidonax traillii*）に営巣場所を提供することであったとする．この場合，効果性評価モニタリングではメジロハエトリが実際に営巣しているかどうかが評価の対象となる．検証モニタリングは管理の方向性が当初の目標を満たすために適しているかどうかを評価するために行われる．例えば，影響低減措置によって，その地域で種が実際に復活しているかどうかが評価される．法律遵守度評価モニタリング（コンプライアンスモニタリング）は法律や条令で規制された行為を対象に実施される．例えば，ある絶滅危惧種の狩猟が許可された場合，それが過剰に行われていないかが調べられる．

5.4 サンプリングの際の注意点

インベントリ調査やモニタリングでは，正確な調査を行うために，サンプリング計画を十分に練る必要がある．したがって，対象種の行動，一般的な生息地，生物学，生態学，分布パターンを知っておく必要がある（Thompson et al. 1998）．これらの情報を蓄積するには，通常，文献調査や専門家への相談，対象地域をよく理解するための予備調査が必要となる．

また，事業実施場所内および周辺地域の間で，動物がどの程度行動するかを考慮してモニタリング計画を立てなければならない．例えば，事業実施地域における個体数減少が，広範な地域で起こっているものであり，復元事業では回復が見込めないかもしれない．したがって，モニタリングを計画する際や，モニタリングの結果を解釈する際は，種の全体的な状況（景観レベルの視点）が必要である．第1章で提起した問題はこの部分と関連がある．このような基本的な情報を把握できれば，目的に応じたサンプリング方法を選択することができる．基本的なサンプリングについては第4章で論じている．

5.4.1 資源調査

対象となる資源は直接的・間接的に調査される．例えば，目標がある種の個体数を増加させることならば，まずその種の生息密度や個体数を調べることになる（鳥類の個体数カウントなど）．しかし，動物の個体数や対象の資源が少なかったり，秘密にしておく必要があったりして，サンプリングが難しいことが多い．そのような場合，何らかの指標や指標種のような間接測定値に頼ることとなる．

直接測定値は対象とする事業に関して明らかに直接的に関連する値である．直接測定値を用いた調査は，間接測定値を用いたものより好ましい．直接測定値を用いることで測定値間の因果関係を検討することができる．例えば，ある捕食者が利用する被食者の個体数を調べることは，その捕食者にとっての環境を評価することになる．

しかしながら，間接測定値はインベントリ調査やモニタリングにおいて幅広く用いられている．そして，直接測定値の代用として使用されている．上記の例では，実際の被食者の個体数調査が困難であったり，膨大な費用が伴ったりする場合，間接測定値が用いられる．この例では，被食者の生息の有無を示す痕跡や巣穴，糞，その他の指標などである．

間接測定値には多くの種類があり，生態学的指標として知られている．この概念はClements (1920) によって提唱されたものである．彼は植物の分布を環境条件，主として土壌と湿度によって説明しようとした．野生動物についても，ある特定の環境条件との間に関係性があり，その条件が種の生息地特性を示すことになるだろう (Block and Brennar 1993；Morison et al. 1998)．しかし，動物の環境に対する要求を種ごとに定量化することは非常に難しい．多くの動物研究者は間接測定値の開発に力を注いできた．ほとんどの動物は移動するので，環境と動物の関係は環境と植物ほど強くない．生態学的指標の選定においては次のことに注意する必要がある．

- 指標が環境もしくは資源の何を標徴しているものなのかを明確にする
- 指標が客観的で，定量的なものを選ぶ
- 指標を用いたすべてのモニタリングを第三者が評価できるようにする（用いる基準は他のすべての研究にも利用できるものとする）
- 適度な空間的・時間的スケールに関する指標を用いる

現在，指標について様々な議論があり，厳密に評価された上ではじめて用いられるべきである．これらの議論についてはMorrison (1986), Landres et al. (1998)，そしてMorrison et al. (1998) を参照していただきたい．

生息地が動物の代わりにモニタリングの対象とされることが多い．個体群をモニタリングするには統計学的条件を満たす必要があり，多大なコストがかかることもある (Verner 1984)．そのため，生息地を調査して個体群動態を検討しようとすることがある．しかし，生息地と個体群動態の間の関係性について十分な情報を得られているケースはほとんどない．第2章で説明したように，生息地は植生の構造や植物相だけでは説明できない複雑な概念である．

5.4.2 サンプリング地域の選定

調査区画のサイズを決めることはモニタリングにおいて最も重要なことである．なぜならば，それによって，モニタリングの手順や調査手法，結果が決まってしまう可能性があるからである (Green 1979, Hurlbert 1984)．モニタリングにおいて重要なことは対象個体群とサンプリングフレームを明確にすることである．それは，サンプリングをする母集団を決め，そこから導き出された結果を適用する範囲を決めることである．しかしながら，自然復元事業では，調査地域のサイズが管理上の問題によってあらかじめ決められることが多い．調査地域の周辺が生息地として適していない場合や移動経路さえ確保できないならば，相対的に小さい調査区画（100 ha 未満）では，多くの脊椎動物の個体群を存続させることは難しいだろう．研究の目的が，個体群を長期に渡って存続させることならば，サンプリング地域は現在の復元事業の地域外を含むことがあるかもしれな

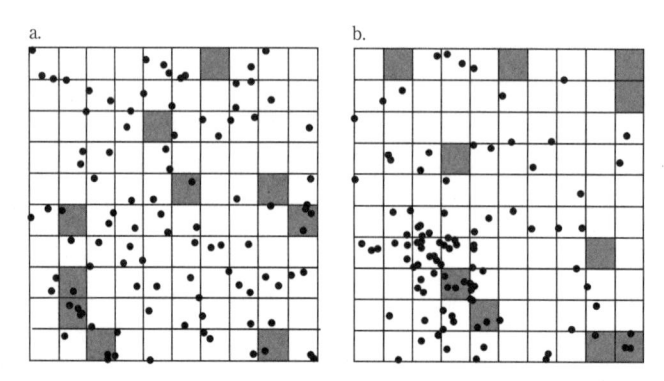

図 5.3 (a) 個体がランダム分布している状況で，サンプリングフレームから 10 区画（灰色の区画）を無作為選定する場合．(b) 個体が集中分布している状況で，サンプリングフレームから 10 区画（灰色の区画）を無作為選定する場合．
(W. L. Thompson et al. 1998. *Monitoring Vertebrate Populations*, pp.137-138, Academic Press, Figure 4.5, 4.6)

い．モニタリングとはある特殊な形式の調査であり，綿密な調査計画を必要とするものである点を繰り返し強調しておく（第 4 章参照）．

　野生動物は移動するので事業地域から得られた結果だけでは不十分かもしれない．生態学的研究では，復元事業に関係する「個体群」が少々恣意的に定義付けされることが多い（個体群に関する詳細な考察は第 1 章を参照のこと）．通常，個体群は生息地利用，行動圏サイズ，移動パターンなどの生態学的情報，サンプリング方法などに基づいて決められる．設定された事業地域内に生息する動物が，個体群であると定義されることが多いだろう．そして，地域外の動物との間の関係は考慮されない．サンプリング母集団の選定に多大な労力が払われたとしても，結果に対する疑いは消えない．それは，対象個体群以外からの要因が地域内の動物に影響してしまう可能性があるためである．

　地域内のすべての個体数を数えられるぐらい母集団が小さいこともないわけではない．しかし，サンプリング母集団をすべて調査できることはほとんどない．つまり，サンプリング区画を設置しなければならない．まず，考慮すべき点はサンプリング区画の形状やサイズ，必要となる区画数，

母集団内での区画の配置である．区画の形状やサイズは，データの収集法やエッジ効果，調査時の対象種の生息分布（集中分布あるいは均一分布），対象種の生物学（昼行性あるいは夜行性など），データの取りまとめ方法などの要因によって違ってくる．Thompson et al.（1998：44-48）は区画の形状の選定における注意点，およびそれぞれのメリット・デメリットについてまとめている．例えば，細長い区画の方がより正確な評価が可能かもしれないが，正方形の区画はエッジ効果を緩和できる．彼らは，あらゆる状況に対応する形状は存在しないため，適したものを決めるための予備研究をすることを提案している（第 4 章参照）．区画のサイズは主に，対象種の生物学と生息分布に影響される．広大な行動圏を持つ種や集中分布する種では大きな区画が必要となる．例えば，図 5.3b の種に対して図 5.3a の種で用いられているものと同じサイズの区画を用いることは不適切である．

　サンプリング区画の数とその配置を決める際には，対象種の分布や個体数だけでなく，データのばらつきを考慮する必要がある．そのため，調べようとしている指標を正確に把握するのに必要なサンプリング区画数を用いるべきである．例え

ば，研究の目標は90％の信頼限界で10％の個体数減少を調べることなのか？ 80％の信頼限界で50％の個体数減少を調べるのか？ この場合，前者のサンプル数は後者に比べて，実質的に多くなるであろう．モニタリングを始める前にサンプル数について十分考慮すべきであることを肝に銘ずる必要がある．Thompson et al. (1998) はこれらの問題について詳しく紹介している．

5.4.3　研究の継続期間

モニタリングの継続期間は研究の目的，調査方法，生態系プロセス，対象種の生物学，事業を実施する上での実行可能性といったものに影響される．まず考慮すべき点は，測定しようとしている生態学的な状況やプロセス（例えば，植生遷移，繁殖周期，世代時間など）がどのような時間的な特徴で表現されるかである．それは頻度，大きさ，規則性など生物要因と非生物要因に影響されるものである（Franklin 1989）．したがって，対象個体群が通常経験している環境状態を含むように長期に渡るデータ収集が必要になる（つまり，それは生息状況の基準を設定することである）．しかしながら，多くの生態系でみられる個体群動態の決定要因には長い周期性をもつものがある．例えば，グレートベースン（北米西部にある大盆地）のマツ林では，主要な食用マツ類の結実は6年から10年に一度しか起きない．そのため，この地域の齧歯類の個体数はこの結実に応じて大きく変動する可能性がある（Morrison and Hall 1998）．長期の研究を行う必要のあるものには次の4つがある．

● 植生遷移や多くの脊椎動物の個体群変動のようなゆるやかなプロセス
● 火事，洪水，災害のような稀に発生する現象
● 頻繁に起こる短期変動が長期変動を隠しているような捉えにくいプロセス
● 生態学的な関係が複雑に入り組んだ現象

しかし，現実には，予算の制約によって長期のサンプリングができないことがある．そのため，短期間のモニタリングで偏りのない結果を得ようとするならば，革新的な方法が要求される．次項で示すように，長期研究に代わるいくつかの方法がある（Strayer et al. 1986）．

a.　遡及的研究

多くの遡及的研究*は，長期モニタリング研究と同じ課題を扱っていることが多い．それらは基準となるデータを提供してくれるため，現在の調査結果と比較できる．また，ゆっくりと進行する変化や撹乱のパターンを明らかにしたり，それらがある生態系の性質にどのような影響を及ぼすかについて検討したりするのに用いることができる．既往研究を参照することの最大の価値は，植生や野生動物の生息地の経時的な変化をみることができる点だろう．年輪年代学的研究によって過去に起こった撹乱の頻度や強さに関する情報が手に入る．この情報によって，植生構造や植物種構成が様々な空間的スケールにおいてどのように変化するのかを知ることができる．また，生息地に対する撹乱の影響だけでなく，異なる管理手法が生息地に対して短期的・長期的にどのような影響を及ぼすかを推測する際にも利用できる．年輪年代学的研究以外に，遡及的研究に利用可能なものは，生態学的調査が長期に渡って行われている地域で得られたデータベース，森林資源データベース，花粉分析，堆積物のコアサンプルの分析などがある．これらの研究に関しては，それぞれ方法の前提や限界に注意しなくてはならない．例えば，年輪年代学的研究では，火事によって焼失してしまい，サンプリングされなかった小さな樹木をカウントすることはできない．このような制限

(訳注)　**遡及的研究**：　過去をさかのぼってある事象の成因過程を明らかにする研究

により森林構造や古くから成立している生息地について誤った評価をしてしまう可能性がある．

b. 時間の代用としての空間の利用

対象となる指標の長期的に生じるであろう変化を示すようなサンプルが得られれば，その空間的変化を時間的変化の代用として利用できる．それぞれのサンプルはある現象の始まりから異なる時点までの変化を示している．例えば，様々な林齢（遷移段階）の森林をみることで森林の成長を長時間待たなくても，長期的な傾向に関する研究は可能である．Morrison and Meslow（1984）は，2年前と5年前に除草剤をまいた皆伐地で，鳥類に対する除草剤の影響を研究した．このような研究の弱点は，真の対照区が存在しないことである．

c. モデリング

モデルは生態学的な変化が様々な状況下でどのように起こるのかについて概念化したものである．モデルは言葉で，あるいは図式化して説明できるように単純化したものであったり，複雑な数式によって構成されていたりする．例えば，研究者は将来の個体群サイズを予測するために人口学的指標（生存率，繁殖率，個体の加入量など）を用いる．生息地モデルは，動物の生息の有無や個体数といった指標（生息の有無，個体数の多寡，個体数指標，生息密度など）と，環境に関する1つ（一変量），もしくは複数（多変量）の指数とを結び付けるものである．単回帰や重回帰，判別分析，ロジスティック回帰などの方法がよく用いられている．例えば，Morrison et al.（1994）は自然復元事業のガイドラインとして利用するために，動物の個体数と植生指標（例えば，種構成や植生構造の段階など）の関係を，重回帰分析を用いて調べた．また，野生動物とその生息地の関係に関するモデルは，生息地指標の変動予測モデルの構築に貢献し，様々な自然復元事業を行った場合の個体数変動の予測を行うこともできるようになるだろう．Verner et al.（1986），Patton（1992），Morrison et al.（1998）はこのようなモデルについて詳述している（第2章も参照されたい）．

5.5 順応的管理

この章の冒頭で述べたように，インベントリ調査やモニタリングは，事業を評価したり，それを調整したりするための情報を提供する．予備調査に基づいて，復元事業や事業管理の成果をより高めるために，事業内容を変更することもある．事業開始後はモニタリングによって，事業目標が達成されたかどうかがわかる．当然のことながら，事業開始時に，その時の状態を示すデータを明確にすることが重要である．

順応的管理あるいは順応的資源管理の本来の理念は，重要な資源に対する土地開発の影響をモニタリングし，復元事業の目標達成のために，人間活動を調整するためのモニタリング結果を用いることである（Walters 1986, Lancia et al. 1996）．順応的管理は，注意深く計画し，実行し，決められた間隔でモニタリングするという一連の流れを反復する作業である．理想的には，事業段階ごとに行われるモニタリングの結果が好ましいものとなるように，各段階で土地の管理作業を行うことが望ましい．得られた成果が当初の予測範囲内であれば，復元事業は計画通りに継続される．しかし，得られた成果が予測と異なる場合，その後の管理は事業目標に応じて，継続，終結，変更の3つの選択肢のうち，いずれかの措置をとる必要がある．

順応的管理は自然復元を目的とした単なる試行

錯誤のことではない．事業の実施後に問題を解決しようとすることと，事業開始以前に行動計画をしっかりと立てておくことはまったく違う．ここではモデルが威力を発揮する．利用可能な最善の知識を用いて，事業の結果についていくつかの可能性を見出すことができる．どのような手法を採用したとしても，順応的管理では，明確な目標設定とモニタリングが必要である．望ましい結果が得られない場合の対処法も事業の開始時に計画しておかなければならない．

順応的管理はモニタリングの結果を反映するためのフィードバックを含む7段階からなる（図5.4）．図5.4の主たるフィードバックは5—6—7の間，2—7の間，そして7—1の間である．5—6—7のフィードバックに要する時間は他のものよりも短い．そのため，通常は効率的に順応的管理を行うことができ，修正すべき点があったとしてもそれは微々たるものである．フィードバックで生じる最も大きな問題は，事業が始まってからモニタリングできるようになるまでの時間である（Moir and Block 2001）．例えば，樹木の生存率や形態的な成長を評価できるまで長い時間がかかってしまうことである．その結果，様々な要因が影響を及ぼすようになる．それは管理を難しくし，モニタリングや事業の修正を行うための意欲を損なうことになるかもしれない（Morrison and Marcot 1995）．その結果，多くの場合このフィードバックは機能しない．7から2へのフィードバックが生じるということは，モニタリングの計画が不十分であったり，誤った指標が調査されていたり，モニタリングが不適切に行われていたりすることを意味する．どのような理由があるにせよ，過去に行われた管理の評価や，これから行われる管理の方向性について言及するに足る，信頼性の高い情報をモニタリングから得られなかったことになる．7—1のフィードバックは順応的管理でよくみられるものである．これは，これからの管理の方向性やモニタリングに関して意思決定が必

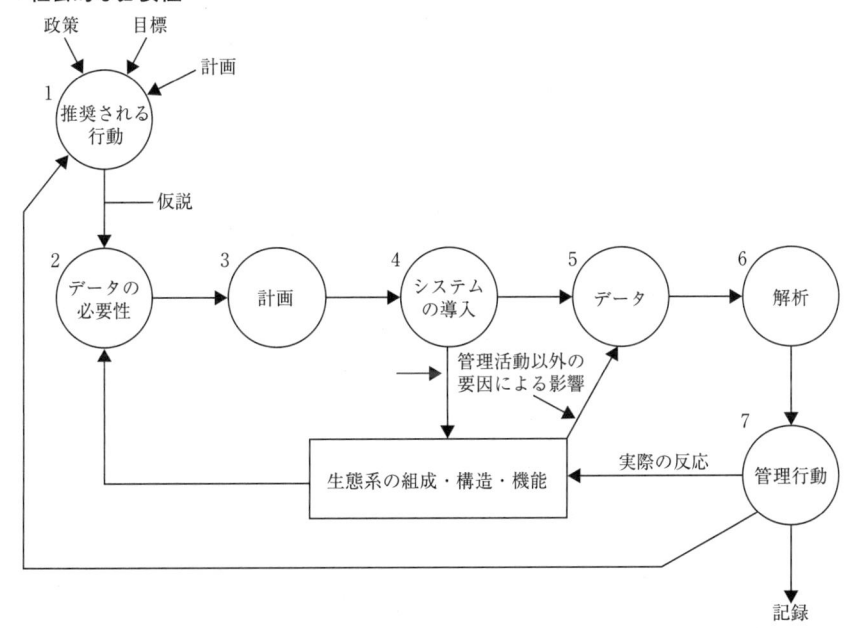

図5.4 7段階からなる順応的管理の概念図．「管理活動以外の要因による影響」とは，モニタリングを始めたことによる影響，観察者による偏り，その場所特有の影響，観察者によって撹乱を受けたデータなどである．（W.M.Block 私信より）

要な場合に用いられる．モニタリングが的確に行われていれば，その情報に基づいた意思決定によって将来的な管理の方向性が決定される．しかしながら，モニタリングが実行されていなかったり，不十分であったりすれば，資源管理を行うための科学的な基準は設定されない．残念ながら，後者が例外というわけではなく，むしろ普通である．

5.6 特別な対策を必要とする基準の設定

インベントリ調査やモニタリングを計画する際には，いくつかの基準点を設定して，何らかの追加の手立てをとるか否かを判断する必要がある．重要な資源について順応的管理を行うには，そのような基準を事業実施以前に決める必要がある．こういった基準には植物の種子散布密度，被植率，動物の生息の有無や行動を示す指標がある．設定された基準を超えるようなことがあれば，特別の管理策を実施することになる．したがって，順応的管理ではこのような基準点を設定する必要がある．

基準点を超えることがあったら事業の修正や中止といった対応が必要となる．例えば，次のような5年間の事業計画を考えてみる．コウウチョウの雌の生息密度が1羽/ha未満で，ノネコが生息しないようにして，ハコヤナギの被度が30％，低木の被度が80％に達成する目標を設定する．そしてこれらの基準が達成されない場合の対策を事業開始時に決めておく．この例では，コウウチョウやノネコの捕獲や除去，植林（または間伐）が考えられる．計画通りにモニタリングが行われたとして，5年後に，大きな樹木が増えすぎてしまい，コウウチョウの生息密度が3羽/haまで増加したとする．つまり，基準値を超えてしまったものが2つあるため，望ましい状況に戻すための改善策を行う必要が生じる．おそらく10年，15年あるいはそれ以上先の基準も設定することになるだろう．これは，5年後に問題が生じたら，急いで修正案を考えるというようにはいかない．この場合でも重要なことは，事前に基準を設定することなしに，効果的なモニタリングを計画することはできないという点である．例えば，ノネコがまったく生息しないことを確認することは，5頭未満の生息を認める場合に比べてより厳格なモニタリングが必要となる．また，ノネコやコウウチョウの駆除が政治的配慮のために不可能となったならば，この仮想の地域において特定の復元事業を計画する意義すら失うかもしれない．

まとめ

この章の目的は，インベントリ調査やモニタリングを計画するのに必要な取り組みや注意点について，一般的な概念を説明することであった．野外研究を行ったり，復元事業の成果を評価したりすることで，我々は学ぶことができる．したがって，事業の成功をいかに確認するかについて明確にしておく必要がある．そのため，インベントリ調査，特にモニタリングは十分に計画することが重要である．インベントリ調査やモニタリングは研究であり，厳密に実施される必要がある．ほとんどの復元事業にはお手本にできるような前例はなく，事前にデータが十分にない状況で事業を進めなければならない場合が多い．順応的管理は，事業の成果を追跡し，適切な改善策を提案していくことになる．しかし，順応的管理と試行錯誤は決して同義でない．

次章では，陸生脊椎動物に特有な様々なサンプリング手法について紹介する．インベントリ調査を作ることやモニタリングを確実に成功させるためには，事業目標を明確にすることと厳格なサンプリング計画を作ることが必要である．

参考文献

Block, W. M., and L. A. Brennan. 1993. The habitat concept in ornithology : Theory and applications. *Current Ornithology* **11** : 35-91.

Clements, F. E. 1920. *Plant Indicators*. Carnegie Institution.

Franklin, J. 1989. Importance and justification of long-term studies in ecology. Pages 3-19 in G. E. Likens (ed.), *Long-Term Studies in Ecology : Approaches and Alternatives*. Springer-Verlag.

Green, R. H. 1979. *Sampling Designs and Statistical Methods for Environmental Biologists*. John Wiley & Sons.

Hurlbert, S. H. 1984. Pseudoreplication and the design of ecological field experiments. *Ecological Monographs* **54** : 187-211.

Lancia, R. A., et al. 1996. ARM! For the future : Adaptive resource management in the wildlife profession. *Wildlife Society Bulletin* **24** : 436-442.

Landres, P. B., J. Verner, and J. W. Thomas. 1989. Ecological uses of vertebrate indicator species : A critique. *Conservation Biology* **2** : 316-328.

Moir, W. H., and W. M. Block. 2001. Adaptive management on public lands in the United States : Commitment or rhetoric? *Environmental Management* **28** : 141-148.

Morrison, M. L. 1986. Birds as indicators of environmental changes. *Current Ornithology* **3** : 429-451.

Morrison, M. L., and E. C. Meslow. 1984. Response of avian communities to herbicide- induced vegetation changes. *Journal of Wildlife Management* **48** : 14-22.

Morrison, M. L., T. Tennant, and T. A. Scott. 1994. Laying the foundation for a comprehensive program of restoration for wildlife habitat in a riparian floodplain. *Environmental Management* **18** : 939-955.

Morrison, M. L., and B. G. Marcot. 1995. An evaluation of resource inventory and monitoring programs used in national forest planning. *Environmental Management* **19**-147-156.

Morrison, M. L., and L. S. Hall. 1998. Responses of mice to fluctuating habitat quality. I : Patterns from a long-term observational study. *Southwestern Naturalist* **43** : 123-136.

Morrison, M. L., B. G. Marcot, and R. W. Mannan. 1998, *Wildlife-Habitat Relationships : Concepts and Applications*. 2nd ed. University of Wisconsin Press.

Patton, D. R. 1992. *Wildlife Habitat Relationships in Forested Ecosystems*. Timber Press.

Strayer, D., J. S. Glitzenstein, C. G. Jones, j. Kolasa, G. E. Likens, M. J. McDonnel, G. G. Parker, and S. T. A. Pickett.1986. *Long-Term Ecological Studies : An Illustrated Account of Their Design. Operation, and Importance to Ecology*. Occasional Paper 2. Institute of Ecosystem Studies.

Thompson, W. L., G. C. White, and C. Gowan. 1998. *Monitoring Vertebrate Populations*. Academic Press.

Verner, J. 1984. The guild concept applied to management of bird populations. *Environmental Management* **8** : 1-14.

Verner, J., M. L. Morrison, and C. J. Ralph. 1986. *Wildlife 2000 : Modeling Habitats of Terrestrial Vertebrates*. University of Wisconsin Press.

Walters, C. 1986. *Adaptive Management of Renewable Resources*. MacMillan Publishing.

6. サンプリングの方法

前章では，研究計画や統計分析を含めて，インベントリ調査やモニタリングの基本的な概念について述べた．効果的なモニタリング調査の基本は，もちろんその調査設計である．しかし，その設計の善し悪しにかかわらず，対象動物の分布や生息数を推定するのに用いる方法が適切でなければ，信頼性の高いデータは得られない．

動物を対象にした調査手法は多数あるが，そのほとんどが個体群の特性を把握するために設計されたものである．調査手法は，事業目的に則して選択されなければならない．例えば，鳥類調査の場合には定点観察よりもなわばり記図法の方が適しているし，両生爬虫類では追い込み法よりも墜落缶の方が適している．どの方法にも長所と短所があるため，事業目的に合った方法を選ぶ必要がある．学術論文は特定の方法が特定の事業目的に適しているかどうかを判定する際の指針となるが，信頼できる結果を得るために必要な調査頻度と特に調査強度に関してはあまり役に立たない．というのも，事業目的の達成度はサンプリング強度に影響されるからである．しかし，未試験の仮説にもかかわらず一般的に用いられている手法の信頼性について検討した論文はほとんどない．

本章では調査手法の正しい使用法について述べる．1つの方法が1つの脊椎動物のある綱に属する全種に使用できることは極めて稀である．それゆえ，個々の方法の記述にあたっては，その方法の長短，結果に期待される信頼限界に必要なサンプリング強度について要約し，そして調査を改善するために，一般的技術の改良方法と複数の手法の併用の可能性について述べる．

6.1 原　　則

この節では，すべての技術に共通するサンプリング法の原則について，その概略を述べる．繰り返すが，事業目的の達成に必要な調査強度を確保するために，「研究設計そのものを研究する」ことが重要である．この大原則は全ての研究において適用できるが，長期研究においては特に重要となる．事業設計の一部として予備研究が盛り込まれることはほとんどない．それゆえ，多くの事業では，開始後数カ月間は，問題が生じたり，実質的には訓練期間となってしまったりして，事実上その間は「予備研究」をしていることになる．事業実施に先だって課題を明確にし，訓練を行うためには，予備研究も組み込んだ設計が望ましい．研究設計の詳細については第4章を参照いただきたい．

6.1.1 調査者による偏りと訓練

研究設計には多くの偏りがつきまとう．それは，受けた訓練（教育）によって特定の調査手法を好んで選択したり，環境条件に対して動物が特定の反応を示すと思いこんだり（このことで調査対象を狭めることになる），時間や資金の制約に

よって好ましい方法で調査できないといった偏りである．それ以外にも，野外調査に複数の調査者が従事する事によって偏りが生じる．偏りの原因が調査員にある場合，それを無視すると，恣意性，疑似相関*，再現不能な傾向によって誤った結論が導かれる可能性がある（Gotfryd and Hansell 1985：224）．ここでは，野外調査における偏りの軽減方法について述べる．

　調査者信頼度とは，異なる状況下で動物の同じ行動を観察する時，同じ結果を得ることができるかという調査者個人の能力を示す尺度である（Martin and Bateson 1993：32-34）．言い換えると，調査者個人が正確に観察する能力である．精度とは観察結果の再現性を表す用語で，確度と同義ではない．動物の現実の行動様式，つまり「真」の様式を知ることはほとんど不可能であるため，調査者の確度を直接測定することはできない．動物がまったく同じ様式で行動を繰り返すことはほとんどないため，野外調査に基づく研究では，調査者の信頼度を調べることは非常に難しい．信頼度を検査する1つの手段としては，ビデオに録画した動物の行動の映像を，いくつかの任意の順番で調査者に見せるというものがある．この検査結果によって，調査者の信頼度を推定することができる．

　調査集団信頼度とは，同一条件下で，2人もしくはそれ以上の複数の調査者が同じ結果を得る能力のことである（Martin and Bateson 1993：117）．野外調査で調査集団信頼度が問題となるのはどの程度か？　例えば，Ford et al. (1990)は，異なる調査者が異なる場所あるいは異なる年に記録した同種の個体の採食行動を比較する場合，慎重に行わなければならないことを示した．調査者が事前に基本的な観察方法や用語の定義を共有していない場合，特に問題となる．また，調査者の経験の違いが，記録される内容の違いの原因になっていることもある．

　行動観察を行う調査者は，自身の存在自体が動物の行動に影響を与える可能性を認識しなければならない．野生動物は捕食者や競争者を絶えず警戒しており，調査者の存在が動物の警戒心を高めている可能性がある．このような刺激に対する反応の増加を専門用語で「感作」という．さらに，調査者が動物を発見する前から，その動物は調査者がいることに気づいているかもしれない．この反応の低下を「馴化」と呼び，学習の一形態と考えられている（Immelmann and Beer 1989）．動物は種によって学習能力が大いに異なる．鳥類や哺乳類は時間的，数的な作業を同時並行的に行う能力を持っているという研究がある（Roberts and Mitchell 1994）．例えば，多くのカラス科の鳥類は，何カ月もの間，食物の隠し場所を覚えており，以前訪れたことがある隠し場所を思い出すこともできる．Rosenthal (1976)は，行動学的研究における調査者の影響に関して詳細な分析を行っている．

　調査者の存在に馴化した動物は，観察下において，観察者の存在を容認するという修正された行動様式をとる．動物は，様々な行動がどのような投資と利益を持つかを踏まえた上で行動を変化させる（例えば，隠れるべきか，逃げ去るべきか）．さらに，潜在的な捕食者（または調査者）を探知すると，他の行動よりもそれらに対する観察行動を優先させることがある．Robert and Evans (1993)は，人間がミユビシギ（*Calidris alba*）に接近すると，ミユビシギは飛翔回数と一回の飛翔距離を最低限にとどめることを報告している．

　Gotfryd and Hansell (1985)は，カナダのトロント近郊にあるナラ－カエデ林で4人の調査者に，それぞれ8箇所の調査区を個別に調査させた．その結果，20項目の植生に関する測定項目のうち18項目に有意差が認められた（この調査では

（訳注）**疑似相関**：　実際は因果関係のない変数間に対して，その他の要因が影響した結果，見かけ上相関がみられること

調査者間の精度の比較のみを検討しており，各々の調査者による結果の確度は調べられていない）．Block et al.（1987）は，植生構造と植物相に関する推定調査において，3人の調査者の違いを検査するために，何種類かの単変量解析と多変量解析を行った．これによると，3人の調査員の視覚による推定値は，49の測定項目のうち31項目で有意に異なっていた．複数の調査者を使用する際の頭痛の種は，調査者ごとのデータのばらつきは本質的に予測不可能であるということである．複数の調査者によって得られたデータを蓄積した場合，調査結果の偏りが増しかねない．Ganey and Block（1994）は，3人の調査者に，2種類の推定技術（球面密度計と鬱閉度をみるためのサイティングチューブをそれぞれ用いる方法）を用いて林冠閉鎖度を測定させた．どちらの方法でも，林冠閉鎖度の推定値は調査者間で有意差がみられた．ただし，サイティングチューブを用いる手法の方が，推定値は安定していた．

生息地の研究を行う際には，動物の個体数推定法に基づく偏りが生じることもある．なぜならば，我々が用いる分析方法の多くは，動物の個体数を環境特性に関連づけているからである．生息地の特徴に偏りが少ない研究でも，偏った個体数調査のデータによって成果を台無しにする可能性があるのは明らかだ（その逆も起こりうる）．例えば，Dodd and Murphy（1995）は，サギの巣を数えるのに用いられる9つの技術の確度と精度を評価した．その結果，技術間にやや大きな誤差率が見られたが，調査者間のばらつきはほとんどの技術において低かった．興味深いのは，定点観察において調査者間のばらつきが最も大きかった点である．つまり，コロニー内の巣の観察に有利な地点の選び方が，各調査者によって異なるため，それがばらつきに反映されたのである．

下に示す調査者の選択と訓練に関する一連の明確な基準に従うことによって，調査者間のばらつきを軽減できる．鳥類の個体数調査のために設計されたものではあるが，Kepler and Scott（1981）が鳥類の個体数調査について述べた要点は，ほとんどの動物の調査に応用できる．

● 調査者によるばらつきを明らかに増加させるような視覚的・聴覚的・心理的要因を除去するための遮蔽物の適切な使用．
● 調査そのものが持つ変動性を軽減するための厳格な訓練の実施．
● 調査者の癖を修正し，それによって定型標準の記録方法を遵守させるための定期訓練の実施．

Scott et al.（1981）は，野外実験から，訓練された調査者はさえずっている鳥までの距離を，実際の距離の10〜15%の誤差で推定できると報告している．特定の行動が特定の方法で類型化される理由を理解するにつれて，調査者信頼度も高まる．個々の行動の種類の定義は注意深く明文化されなければならない．例えば，探査とは「鳥が物体の表面下に嘴を差し入れる」ことを意味する，という具合に．不用意に研究を長引かせると，調査者が動物の行動に慣れ，その評価を怠慢に行う可能性があるため，時間の経過とともに定義や基準は本来の意味からずれがちになる．慎重かつ反復的な訓練によって，この問題は改善できる．さらには，あらゆる学問分野において専門用語を統一する努力がなされてきている．例えば，Remsen and Robinson（1990）は，鳥類の採食研究に関連する専門用語を標準化した．Schleidt（1984）のエソグラム（動物の行動目録）の標準化に関する方法論は，行動学研究の出発点として有益である．

植物生態学者は，データ収集技術による差異があることに以前から気づいていた（Cooper 1957；Lindsey et al. 1958；Schultz et al. 1961；Cook and Stubbendieck 1986；Hatton et al. 1986；

Ludwig and Reynolds 1988 を参照)．必要と思われる調査区数で植生構造や植物相の測定を行うと，それにかかる投資は時間的にも金銭的にも通常莫大である．しかし，厳密な調査設計に従わない結果は惨めなものである．繰り返すが，収集したデータを厳密たらしめるためには，研究の焦点を限定した方がよい．つまり，事前の調査や分析によって，潜在的な課題を洗い出しておくことが必要なのである．

6.1.2 情報の種類

対象地の基本的な情報のほとんどは，特定期間のある季節（出産期，冬など）に，その地域に生息している生物種のインベントリであることが多い．生息種数は，種の豊富さと呼ばれている．種数に関する研究は，情報がほとんどない地域の評価，あるいはより詳細な研究を行なうための基本情報の収集を目的として行なわれることが多い．完璧な生物種のインベントリを作成するためには，厳密な技術（実地踏査，定点観察など）がまず間違いなく必要である．文献や分布図の検索，調査地域の全域踏査（鳥類観察，哺乳類の追跡調査など），十分時間をかけた生息種の同定，そしておそらく個体数の質的な評価（例えば，普通種や希少種の判別）の蓄積，といったことから調査は始まる．

通常は対象となる1種あるいは数種について，その動物の生息の有無を分布調査で明らかにする．多くの鳥類図鑑は，おそらく正式な調査に基づいているのだが，大雑把な観察記録と選好環境の一般的な傾向を示す分布図を掲載している．郡単位ではあるものの，合衆国の各州は繁殖鳥類の公式調査を最近開始した．調査対象範囲は変えないか，あるいは正確に測量して報告される必要がある．そうすることによって，調査結果を種の分布の正確な情報として利用できるのである．法的に保護されている種やその他の考慮すべき種の生息を評価するためにデータを用いる場合には，正確な情報は特に重要である．狩猟対象の哺乳類を除いて，脊椎動物に関する系統だった調査はほとんど行われていない．

個体群モニタリングとは，長期間にわたって個体数やその他の人口統計学的変数の変化の傾向を調べることである．個体数は，天候，食物の利用可能量，病気，災害，その他多くの原因で変動するので，人間の影響とこれら相互作用を持つ要因とを区別することは困難である．個体数変動に影響を及ぼす多数の要因を識別することが，個体群モニタリングでは肝要である．例えば，毎年の個体数変化が大きいことで，長期間にわたる傾向が不明瞭になり，その結果，個体群の救済措置の実施が後手に回ることもある．個体群モニタリングにおけるもう1つの要は，終始一貫した手法を用いるということである．繰り返し用いる個体数調査法は絶対的な生息数が把握できるほど正確である必要はなく，同じ手法が同じ強度で用いられるということが重要である．

生息地評価は，開発事業が動物の分布および個体数に及ぼす影響を，時間的・空間的尺度から予測するために行われる．生息地評価には2つの基本的な手法が使用される．1つは，文献検索や特定の研究を通して対象種の生息地を記述し，航空写真，実地踏査などの様々な方法を用いて現地でそれを確認することである．もう1つは，動物の生息数（あるいは単に生息の有無）と関連する環境特性の間に統計学的に有意な関係を見出すことである．多くの地域では環境条件が大きく変化するため，対象地域において膨大な調査を行う必要がある．ただし，希少種が研究対象となることも多くあり，そのような場合，大量のデータを手に入れることは困難である（第2章の生息地評価に関する説明を参照）．

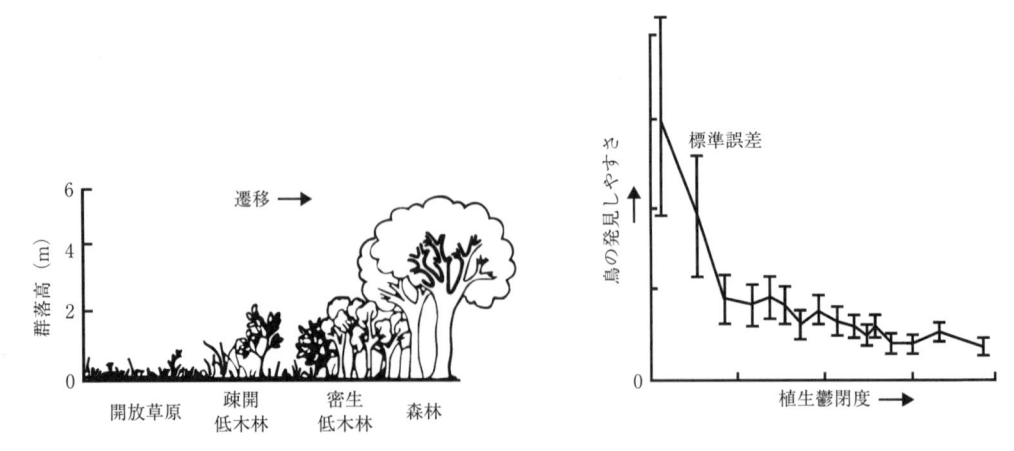

図 6.1 鳥は密生した森林よりも開放地のほうが発見しやすい．実際は植生の遷移段階と関係なく鳥類種数が等しかったとしても，鳥を発見しやすい草原や若齢林でより多くの鳥類種が観察されてしまう可能性がある．研究の目的によっては（例えば，遷移が鳥類群集に及ぼす影響），同じデータを使っても発見しやすさによるバイアスが問題になるかもしれない．
(C.J.Bibby et al., *Bird Census Techniques*, Box2.7. Copyright 1992. Academic Press)

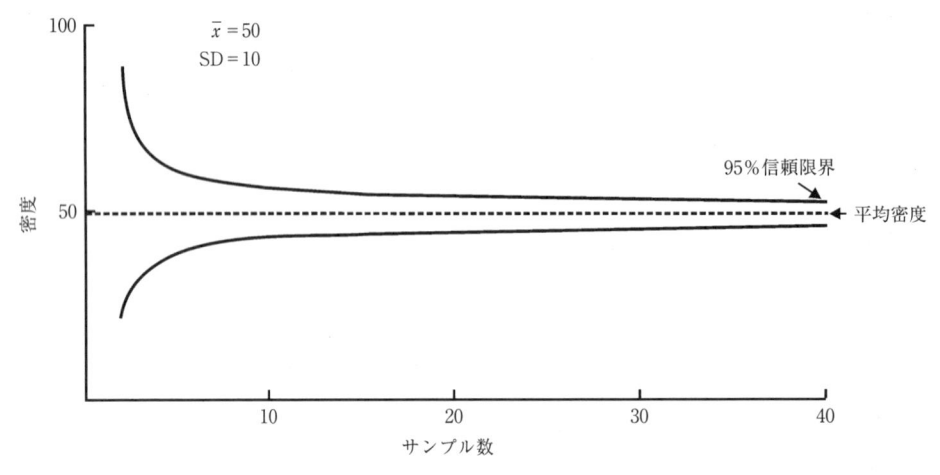

図 6.2 仮想の個体群におけるサンプル数と信頼限界の関係．
(C.J Bibby et al., *Bird Census Techniques*, Box2.2.1 Copyright. 1992. Academic Press)

6.1.3 調査における誤差

　密度，種数，生息地といった我々が測定しようとするものの真の値は普通得られない．真の値と測定値の差分は誤差である．誤差は，正常な変動と偏りから成り立っている．変動の小さい研究は精度が高いと見なされ，偏りの小さい研究は確度が高いと見なされる．精度と偏り（不正確さ）は，同一の測定において，独立して変化すると考えられる．精度とは，真の値に対する推定値の一致度ではなく，推定値の安定度を示す指数である．例えば，標的に命中しなくとも着弾地点が集中している場合には，精度が高く，確度は低い．調査不足，植生その他の環境特性（図6.1参照）の違い，動物の行動（危険に対して警戒音を発する種と隠れる種），その他多くの要因によって研究結果に偏りが生じることもある．

　精度は測定可能である．精度はサンプル数を大きくすることで改善することもできる（図6.2参照）．しかし一般的には，精度はサンプル数の平方根に比例する程度でしか増加しない．つまり，

10サンプルの精度を2倍にするためには30サンプル必要であり，さらにその倍にするためには120サンプル必要である．野外調査に先立って必要な精度を決定することが調査を成功に導く鍵であることを，ここでもう一度述べたい．サンプル間に内在する変動は，必要とする精度を決定する研究の目標と互いに影響しあっている．つまり，もし自然に生じる変動と偏りが小さいならば，それらが大きい時よりもサンプルサイズは少なくてすむだろう．さらに繰り返して述べておくが，予備研究とサンプルサイズの検討は研究を成功に導く鍵である．調査者，手法，調査努力量，天候など，動物の個体数調査において発生する偏りの原因について，両生爬虫類に関してはHeyer et al. 1994，鳥類に関してはRalph and Scott 1981；Bibby et al. 1992；Ralph et al. 1995，哺乳類に関してはWilson et al. 1996が議論している．

6.1.4 一般的注意

動物の多様性に関する研究課題は主に2つに分類される．1つは植生タイプもしくは地域特性と多様性の関係であり，もう1つは特定の種もしくは種群に関する多様性である．前者の課題については，特殊な植生や特殊な場所に出現する種を確認することが研究の主目的となる．第二の課題，つまり種に着目した研究では，例えば地理的分布や生態学的分布を明らかにするために，1つもしくは複数の個体群を対象として，時間的・空間的に広く研究することになる．種に着目した研究はインベントリの作成のために行われるが，その種について正確に理解するためには一連の技術も必要とされる．もちろん，事業目的によって選択される技術やその使用強度は異なる．対象種の行動様式によっては，その種に特化した手法が必要となる．たとえ文献では有名な手法であったとしても，その方法では様々な種に適応できるとは限らず，生息の有無すら確認できないかもしれない．次節以降に，脊椎動物のインベントリ作成や個体数推定に適した調査技術について概説する．

6.2 両生爬虫類

Heyer et al. (1994) は，両生爬虫類の調査に適した多くの調査手法を詳述している．表6.1に最も一般的に用いられる10の技術を要約した．調査に要する時間，コスト，人員といった投資に加え，必要な情報の種類によっても用いる技術が異なる点に注意してほしい．密度（単位面積あたりの個体数）推定や，すべての生息種に関する調査は，とても時間がかかる．多様性や密度の推定には，数週間から数カ月の調査期間が必要であろう．ある地域における完全なインベントリを作成するには莫大な時間がかかり，表6.1の時間の欄に「低」または「中」と記載されている技術では代替できない．このように，生息種を徹底して調査する場合には，楽な方法というのはないのである．この10の標準的手法は併用可能である，ということも述べておかねばならない．例えば，繁殖地（池，小川）における調査（技術8）は，直接観察調査（技術2）や墜落缶（技術7）といった技術を補完するためによく用いられる．

Scott (1994) は，ある地域のインベントリ作成のための技術を詳述している．これは，地面を探索し，岩，丸太，その他隠れ場所となるものをひっくり返して，昼夜を問わず，生息場所となりそうなあらゆる場所の両生爬虫類相を調べるための方法である．このような技術は短期・長期どちらの調査でも使用されている．これらの手法は多くの種に対して使用できるが，見つけにくい種や，林冠に生息する種，穴居性の種，水面下深く

表6.1 両生爬虫類の基本的な調査手法と各手法で得られる情報の種類および必要となる時間と費用

技術	得られる情報[a]	時間[b]	費用[c]	人員[d]
1. インベントリ調査	種の豊富さ	高	低	低
2. 直接観察	相対的な個体数	低	低	低
3. 鳴き声トランセクト	相対的な個体数	中	中	低
4. 方形区調査	密度	高	低	中
5. ライントランセクト	密度	高	低	中
6. パッチ調査	密度	高	低	中
7. 誘導柵付墜落缶	相対的な個体数	高	高	高
8. 繁殖地調査	相対的な個体数	中	低	中
9. 繁殖地における誘導柵	相対的な個体数	高	高	高
10. 両生類幼体の定量サンプリング	密度／相対的な個体数[e]	中	中	中

(W.R.Heyer et al., Measuring and Monitoring Biological Diversity: Standard Methods for Amphibians, Table 4. Page 77. Copyright 1994)

[a]: 得られる情報には階層がある．つまり密度が調べられる手法では相対的な個体数や種数も得ることができる．しかし，相対的な個体数しか得られない手法を用いた場合には，密度を得るためにさらに別の方法を用いなくてはならない．
[b]: 相対的な投資時間
[c]: 相対的な投資費用：高＝比較的高価；中＝中間的；低＝比較的安価
[d]: 必要人数：高＝複数人必要；中＝1人ないし複数必要；低＝1人で十分
[e]: 技術10には相対的な個体数のみが得られる手法と，密度も得られる手法が含まれる．

に生息する種を調査する際には，特別な技術が必要となることが多い（Heyer et al. 1994）．

種数も多く，見つけにくい種もいる両生爬虫類相の調査には，数年を要することも多い．短期間の調査では，その場所に生息しているすべての種を見つけ出すことができない．それゆえ，復元を目的とした多くの研究では，たとえその対象地が小規模であったとしても，長期にわたる集中的な調査が必要となる．短期間の調査で得られた結果は，調査前や調査中の天気や，調査者の経験，様々な生息地に対する調査，用いた調査手法の数など多くの要素の影響を強く受ける．

直接観察法（visual encounter surveys：VES）は，体系的に動物を探索するために，ある定められた時間内，調査地域内を踏査する方法である．調査強度（時間）は，通常，「人×時間」で表す．見つけにくい種については補足的な調査が必要であるが，VESはインベントリ調査と個体数調査の双方に適した手法と考えられる．VESはある地域における種の多様性の把握や種の相対的な個体数推定に利用される．また，方形区（表6.1の技術4），トランセクト（技術5），もしくは研究者が設定した植生パッチ（技術6）での調査にVESが使用されることもある．立地や生息地，その他の環境条件の比較ができるように，対象地域は無作為に抽出されるので，これらの技術（技術4～6）を用いた研究の目的と設計方法は，VESとは幾分異なる．Crump and Scott（1994）は，VESを実施するにあたっての様々な設計法や応用的な方法を詳述している．Jaeger and Inger（1994），Jaeger（1994a，1994b）は，方形区，パッチ，トランセクトを用いた調査の関連手法を紹介している．

単位時間法（人×単位時間あたりの種ごとの個体数推定）は，基本的にはVESの一種であり，例えば4［人×時間］といったあらかじめ設定した時間内に行われる．単位時間法は，時間制限があるため，VESに比較して信頼性が低いと考えられている（Scott 1994）．

鳴き声トランセクト法（表6.1の技術3）は，鳴き声を発する動物（通常はカエル）を数えるために使用される（詳細についてはZimmerman（1994）を参照）．種毎の鳴き声の探知可能距離に応じて，トランセクトの幅は設定される．これ

図 6.3 南カリフォルニアのチャパラル（低木のカシ林）において様々な小型脊椎動物の調査のために設置された墜落缶.（写真左）プラスティックバケツ製の墜落缶を見回る研究者.（写真右）墜落缶から伸びる誘導柵.（写真提供：Zoological Society of San Diego）

らは以下の項目を推定するのに使われる.

- 鳴いている個体の相対数
- 成体の割合
- 種構成
- 繁殖の確認あるいは生息地利用
- 繁殖フェノロジー

この手法はもともと鳴禽類で用いられ, 方法論も分析技術も十分に確立されている.

墜落缶（誘導柵を設置する場合としない場合がある）は, 両生爬虫類の標本採取によく使用される（図 6.3）. この手法は種数や相対的な個体数を推定するために用いられ, 見つけにくい種や地中性の種を捕獲する際には特に有効である. 墜落缶は, 口が地表面と同じ高さになるように, 容器を地中に埋める. 容器に落ちた動物が捕獲される. 墜落缶には小さい缶, プラスティック製のバケツ, あるいはポリ塩化ビニール製のパイプを使用

し, 大きさは深さ 40～50 cm, 直径 20～40 cm 程である（Jones et al. 1996）. Corn（1994）は, 墜落缶の設計と設置方法を詳述し, 基本的な調査手法を説明している（本章の「哺乳類」の節における解説も参照）.

じょうご式罠は種の豊富さを調べるためのもう1つの有用な方法であり, ヘビ類を捕獲する際に特に有効である. じょうご式罠は, 口（一端あるいは両端）がじょうご型に内側にへこんだ, 寒冷紗（目の粗い布）や金網などを円柱形あるいは角柱形にした筒である. ヘビは誘導柵によってじょうごを通って筒の中へと誘い込まれ, 筒からの逃げ道に気付くことはまずない. 例えば, 北カリフォルニアにおけるじょうご式罠による 1040[罠・日]の捕獲では（Swaim 未発表データ 1996）, オーク–ベイ（クスノキ科の常緑高木）林で 18 種の小型脊椎動物が捕獲された. その内訳は, 両生類 3 種, トカゲ類 3 種, ヘビ類 8 種, 小型哺乳類 4 種である.

両生爬虫類の隠れ家となるような木製の人工的カバーを設置するという手法も用いられるようになってきた（詳細は Fellers and Drost 1994 を参照）．しかし，この方法は比較的新しく，十分に検証されていない．長所としては，人工的カバーの数を基準にして生息地と環境条件を比較できること，適用時間・場所が限定された方法と比較して調査者による差がほとんど生じない点，自然の隠れ家（倒木等）を攪乱しない点，安価で調査者の訓練もほとんど必要ない点が挙げられる．一方，短所としては，個体数の指標しかわからない点，すべての種にこの人工的カバーが適用できない点，気温上昇や乾燥化に伴い動物の人工的カバー利用頻度が減少するであろう点，人工的カバーを設置しにくい植生タイプ（藪，草むら）が存在する点である．Fellers and Drost (1994) は，この手法の上手な使用法をまとめている．しかし，人工的カバーを用いる手法だけで，ある地域内の両生爬虫類相を完全に評価することは不可能である．

夜間ドライブ法は，舗装道路を踏査するため，無作為サンプリングではないライントランセクト法の一形態である．この方法は，気温が下がった夜に，舗装道路からの放射熱に誘引された両生爬虫類を調査するためによく利用される．しかし，この方法だけでは，ほとんどの種の絶対数，あるいはある地域に生息する種ごとの相対的な個体数を高い信頼性で定量的に推定することはできない．夜明け直後にドライブすると，昨夕の轢死体が見つかることもある．例えば，ドライブ調査によって，Morrison and Hall (1999) は西カリフォルニアのインヨー山脈とホワイト山脈で，3季に渡る集中的な墜落缶と VES を用いた調査でも確認されなかった種を発見した．

6.3 鳥　　類

鳥類の個体数調査は様々な目的で行われている．この節では，様々な個体数調査手法を概説する．Ralph and Scott (1981), Bibby et al. (1992), Ralph et al. (1993) は手法を入念に総説しているので参照していただきたい．中でも Bibby et al. (1992) の総説は優れており，本節の大部分はそれに基づいている．

選択する手法は，研究対象地域の面積に適したものでなければならない．結果を広い地理的範囲に適用させるのか，それとも小区域に適用させるのか？　そして，必要とするデータの種類によって，選択すべき調査法も調査強度もおのずと決まってくる．例えば，単なる生息確認のデータで十分なのか，それとも密度（単位面積当たりの個体数）のデータが必要なのか？　どの程度の誤差なら許容可能なのか？　第4章で述べたように，綿密に設計された研究を行うには，まずその目的を明示しなければならない．Bibby et al. (1992) は，サンプルのデータ形式，記録方法，データの解釈法も含めて，基本的な調査法を詳しく解説している．これら基礎技術の重要な部分を以下に詳述する．

6.3.1　なわばり記図法

特に鳴禽類のような多くの鳥類が行う目立つ行動を利用して行うのが，なわばり記図法である．メスを惹きつけ交尾するためにオスは様々な場所でさえずり，同種の他のオスに対して防衛地域を宣言する．つまり，なわばりである．このさえずりを利用して，調査地におけるなわばりの大まかな境界と鳥の密度と位置を特定する．このデータは環境条件となわばりの数及び大きさの関係を分析するのに使える（第2章参照）．

この手法は，標準的な鳥類の個体数調査法の中

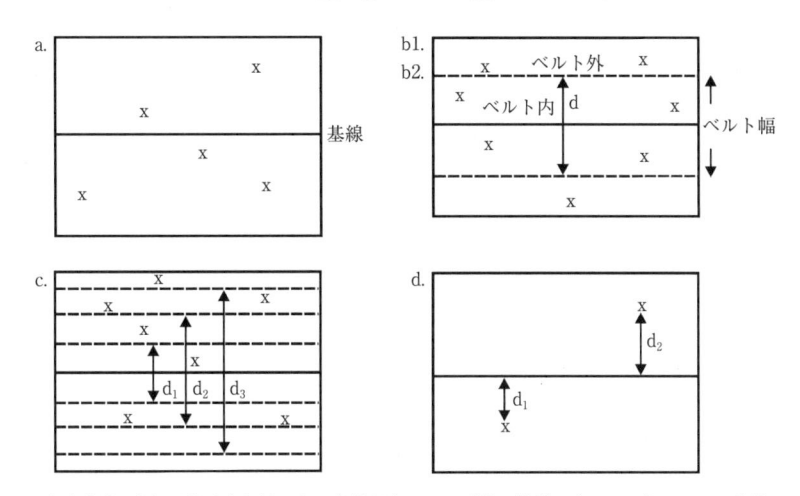

図 6.4 トランセクトの設定方法．(a) 距離測定を行わない全数調査．この手法は簡単であるが，鳥によって発見しやすさが異なるので，種によって密度推定の基準が異なる．この図では 5 個体（X印）が記録された．(b1) 幅を固定したベルトトランセクト．あらかじめ幅を決定したベルト内で発見した個体のみを数える．遠距離にいる発見しやすい種は記録されないので，記録個体数は総発見個体数よりも少ない．この図では，7 個体発見したが，4 個体が記録され，3 個体は記録されない．(b2) 固定ベルト内外の記録．ベルト内出現個体とベルト外出現個体を区別して，すべての発見個体を記録する．これは，野外で簡単に使用できる効果的な手法である．また，相対密度も推定できる．この図では 7 個体が発見され，4 個体がベルト内，3 個体がベルト外と記録される．(c) 複数ベルトを用いたトランセクト．あらかじめ幅を固定した複数のベルト（図では d_1～d_3 の 3 ベルトとベルト外）を設定し，ベルト毎に発見した個体を記録する．これは精密な距離測定が必要なため，野外での実施は難しい．ここに記述した他の手法で十分であろう．図では 7 個体発見され，ベルト d_1 に 1 個体，d_2 に 3 個体，d_3 に 2 個体，ベルト外に 1 個体と記録される．(d) すべての発見個体について距離を実測する．個体が進行方向前方にいた場合でも，ルートからの垂直距離を計測する．この手法を野外で実施することは最も困難であるが，密度推定のための最良のデータが得られる．図では，距離 d_1，d_2 ともに発見個体が記録される．
(C.J.Bibby et al., *Bird Census Technique*, Box 4.3. Copyright 1992. Academic Press)

で，最も時間がかかる．それゆえ，通常，鳥の位置，なわばり面積，生息地利用を詳細に調べる必要がある研究では，小面積（20 ha 以下）を対象に行われる．希少や危急種に関する研究では，営巣確認，人口学的評価，行動の評価の一部として，この手法を組み込むことが多い．調査者は，観察した各個体（あるいは対象種）の位置と行動を地図上に記録しながら，繰り返し調査地域内を踏査しなければならない（詳細は Bibby et al. 1992：box3.4 と 3.5 参照）．たいていの場合，調査者は対象地に 10 回は行く必要がある．

Bibby et al.（1992：65）は，なわばり記図法について以下の注意点を挙げている．

● なわばり記図法を完遂するには野外調査の時期と時間帯を考慮しなければならない．
● この手法が他の手法に比べて優れている点は，結果がすなわち鳥類の分布図になる点である．
● なわばり記図法により絶対的な個体数を推定できる（特に標識等で個体識別を行った場合）．
● 野外調査の記録法や分析方法が既に確立されており，年ごとあるいは研究ごとの比較が可能である．
● 適した行動圏解析手法を選択できるように調査指針を確立しておく必要がある．

6.3.2 ライントランセクト法

ライントランセクト法は，比較的均質な広い地域（20 ha 以上）において鳥類の分布や個体数を調べる手法としてよく使用される．同一個体の重複記録を避けるため，トランセクトの幅を広く（通常 200 m 以上）設定する必要がある．密度算出は通常不要なので，ここでは議論しない．

歩きながら鳥を見つけるためには，優れたバー

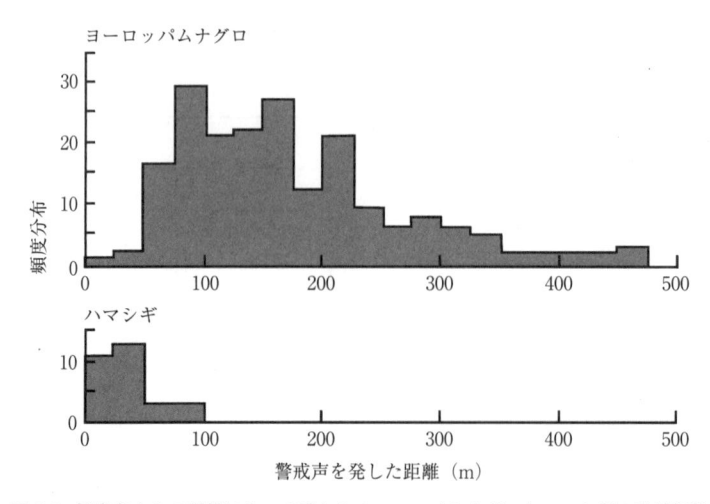

図 6.5 観察者からの距離によって異なるヨーロッパムナグロとハマシギの発見個体数の変化. ヨーロッパムナグロは騒々しく発見しやすい. 特に観察者に反応して, ハマシギに比べて遠くから警戒声を発する. ハマシギは身を隠し, じっとしているので, 100m以上離れると発見できない. 繁殖地における調査方法を設計する際には, このような種による違いを考慮しなければならない.
(C.J.Bibby et al., *Bird Census Techniques*, Box 4.4. Copyright 1992. Academic Press)

ドウォッチングの技術が必要となる. そのため, この手法は調査者の能力による偏りが生じやすい. また, 鳥の見つけやすさによっても偏りが生じるので, その可能性がある場合には, データの解釈に注意が必要である. この手法は一年中使用可能であるが, 鳥の行動(特に鳴き方の変化), 天候, 植被の程度によって, 鳥の発見率には大きな季節差がある. 鳥との距離を利用して密度推定を行う場合には, ライントランセクト法では調査ラインからの距離に比例して推定誤差が大きくなるが, 定点観察では定点からの距離の2乗に比例して推定誤差が拡大するため, ライントランセクト法のほうが定点観察より正確であると考えられている(Bibby et al.1992:67). しかし実際には, 定点観察はライントランセクト法を特殊化した手法に過ぎず, いずれの方法もよく用いられる.

Bibby et al.(1992:71)は, ライントランセクト法の野外における様々な設計法を紹介している(図6.4). どの形式を用いるかは, 研究目的と調査地域内の植生構造によって異なる. 例えば, 疎生群落(草原, 低潅木林, 湿地)において個体数の指標を求める場合には, 図6.4dの距離の実測もcの複数ベルトを用いた記録も必要なく, a, b1, b2で十分である. しかし, 密度推定を行わなければならない場合には, 図6.4cまたはdを用いた距離測定が必要になる.

ライントランセクト法は, 小面積調査地において鳥類の生息地利用を評価する際には通常使用しない. それは, 個体数調査の結果を植生やその他の環境条件と関連づけるためには, 十分な例数の個体を発見する必要があるからで, 最低でも100mの調査ラインが必要である. ライントランセクト法は大面積の調査地において鳥の個体数と生息地の関係を調べるのに適している. 調査ラインを細分化(例えば, 50m間隔)することは可能であるが, それはこの手法の本来の目的に合っていない. 小面積で鳥類と生息地の関係を調査する場合には, 定点観察の方がよい.

種によって発見しやすさはかなり異なるので, 距離測定が必要になることが多い(図6.5). 単一

の植生タイプで1種だけを比較する際には問題にならないが，いくつかの植生タイプを含む地域に出現する種の比較を行う際は注意が必要である．冒頭で述べたように，時間あるいは場所によって見つけやすさが変化する場合に用いる個体数の指標や密度の算出方法がある．

Bibby et al. (1992：80-81) がまとめた，ライントランセクト法に関する前提条件と，この手法の設計と実施に関する注意点を以下に挙げる．

● ライントランセクト法は，大面積，開放的，均質的，あるいは種数の少ない地域における調査に特に適している．
● ライントランセクト法には，鳥類識別の高度な技術が必要である．
● ライントランセクト法は，すべての標準的な手法の中で，単位努力量当たりのデータ収集量，すなわち効率がもっともよい．
● ライントランセクト法では，なわばり記図法ほど詳細な情報は得られない．
● トランセクトに沿って生息地調査ができる．

ライントランセクト法には標準的な方法というものはないが，ライン設定（配置と所在），踏査回数（一般的には最低3回），踏査速度，距離推定，調査者その他の偏りの存在を十分に配慮しなければならない．

6.3.3 定点観察

定点観察の基本的な考え方は，ライントランセクト法と同じである．実際に，定点観察は，トランセクトの距離がゼロで，歩く必要がないライントランセクト法と見なすことができる．定点観察は，踏査と鳥類観察を同時に行うことが困難，あるいは危険な地形の場所において用いるために開発された手法である (Reynolds et al. 1980)．この手法は，開放地形以外のすべての場所で使用できる．この手法はまた，鳥類と生息地の関係を研究する際にも頻繁に利用される．

定点観察は，調査者に高度な技術を要求する点でもライントランセクト法と似ている．定点観察は，比較的閉鎖した植生で使用されるため，視認によってではなく，鳴き声によって鳥の多くを記録する必要がある．定点に留まって調査するため，鳥類確認のための単位面積あたりの調査時間は長くなる．また，調査者は調査時に動かないので，ライントランセクト法を行う際に生じる踏査時の雑音を伴わない．

ライントランセクト法と同様の手法で，定点観察においても距離推定を行える．ここでは距離推定を必要としない方法，距離が固定された方法（50m半径調査区など），あるいは個体との距離推定を行う方法を述べる．調査者からの距離が50m～70m離れると，繁殖中のスズメ目の見つけやすさは激減することが多くの研究から知られているため，固定調査区の半径は50mに設定されることが多い．しかし，異なる植生タイプにおける結果を比較する必要がある場合には，一定半径の調査区を用いることはあまり好ましくない．

Bibby et al. (1992：86) は，定点観察は単位時間当たりに多くの定点を設けることができる点で，ライントランセクト法も含めた他の手法より有効であるとしている．例えば，繁殖期間中に40日間の調査をする場合，1定点につき3回の調査（最低基準）を行わなければならないとする．そして，毎朝10定点で調査できるとするならば（一般的な調査設計），合計で約133定点を設けることができる（10/3×40=133.33…）．しかし，ここでは定点の独立性については無視されている．通常，鳥類生態学者は，近隣の調査区の個体を重複記録しないように定点間に十分な距離（通常，中心間の距離が200～300m）を持たせる．しかし，狭い地域において同じ環境条件の場所が定点として設定されることが多く，このような場

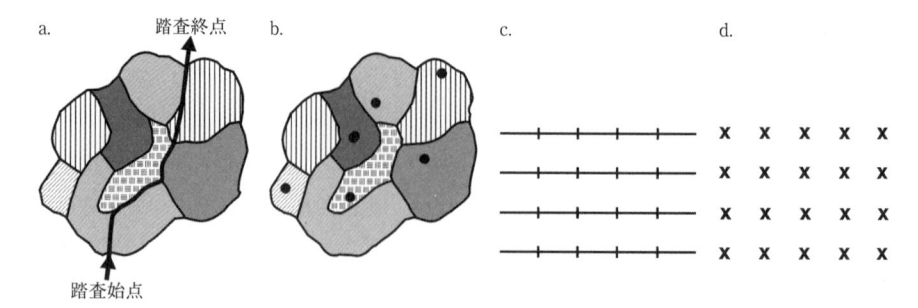

図 6.6 (a) 森林のような細かく入り組んだ環境においては，遊歩道に沿ったトランセクトを設定すべきではない．植生タイプ別に出現個体を記録するのは困難なためである．この例では2種類の植生タイプでは，まったく調査されていないことになる．(b) 定点観察ならば，同じ場所で，森林内の全ての植生タイプに任意あるいは系統的に調査地点を設けることができる．それぞれの定点周辺地域も定点の環境と同様に考えることができる．(c) 開けた場所では，ライントランセクトによって，より広い地域を網羅できる．鳥類と生息地の関係を検討する際には，ラインを分割することもできる．(d) cにおけるラインの分割数と同数の定点観察では，理論的にはライントランセクトよりも少数の個体しか観察できず，要する時間は同程度である．開放地形ではよくあることだが，観察者の目前で鳥が飛び去ってしまうような場合には，観察者が定点にたどり着く際にすべての鳥が逃げ去ってしまうため，このような調査設計は好ましくない．

(C. J. Bibby et al., *Bird Census Techniques*, Box 5.1. Copyright 1992. Academic Press)

合，独立標本が抽出されたと考えるべきではない．例えば図6.6において，(a)では1ラインを設定しているが，一方(b)では6定点を設定している．定点の独立性は図の縮尺によって変わってくる．定点の独立性を無視するならば，小面積で鳥類と生息地の関係を評価する際には，定点観察はライントランセクト法よりも適している．生息地の環境は定点近辺（もしくは固定円形調査区内）で調査し，そこで観察された鳥との関連性を検討することになる．Ralph et al. (1995) は，定点観察の使用方法について詳述している．生息地評価の技術も含めて，野生動物と生息地の関係を明らかにする研究で使用される調査法は第2章にまとめてある．

Bibby et al. (1992：104) は，定点観察を実施する際に考慮すべき点を以下のようにまとめている．

- 定点観察は森林，藪，あるいは地形の険しい地域の調査に適している．
- なわばり記図法のような詳細な情報は得られないが，定点観察は大面積の調査に適している．
- 定点観察は，単位努力量当たりの情報量がなわばり記図法と比べると多いが，ライントランセクト法に比べるとやや劣る（調査地点の独立性の考慮が必要）．
- 定点観察は，鳥類と生息地の関係を調べるのに特に有用である．

定点観察には決められた基準はないが，定点の選択と配置，調査回数（標準では最低3回），一回の調査時間（一般的には5～7分），個体と調査者の間の距離測定，調査者による偏りの存在を考慮する必要がある．

6.3.4 個体識別のための標識

鳥類の標識は，個体数の推定，生息地利用の定量化，生存率の決定，移動や渡りの測定，その他様々な行動学的評価をする際に使用される特別な手法である．未知個体から抽出されたデータを得るのではなく，既知個体から行動とその結果（生存，繁殖）を定量化できるため，標識個体を利用することは明らかに有利である．標識によって性齢，血統，出生地などに基づいた，鳥類の生態解

析ができる．標識研究では，金属製あるいはプラスティック製の足輪，ウィングタグ，首輪，羽毛染色，電波発信器，その他様々な特殊技術が開発されている．しかし，多くの研究では，捕獲と標識はあまり行われていない．

この技術には特別な訓練と免許が必要であり，研究対象の種によっては，多大な労力を必要とする．Bibby et al. (1992：105-106) は，捕獲と標識装着を行う際の考慮点として以下のものを上げている．

- 投資効果に見合う結果を得るために，十分な個体数を捕獲できるか？
- 標識によって，鳥を傷つけたり，行動に影響を与えたりしないか？
- 必要に応じて，標識個体を再捕獲できるか？
- 野外で標識を容易に視認できるか？

Bibby et al. (1992), White and Garrott (1990), Bookhout (1994) は，記号放逐法の統計分析法だけでなく，捕獲法や標識の技術についても詳しく説明している．

かすみ網を利用して行うモニタリングについては，正確に理解されていない部分がある．かすみ網は，米国魚類野生動物局が発行するアルミニウム製の足輪を鳥に装着する際の鳥類の捕獲に一般的に用いられる．この足輪には固有の番号が記されており，主にスズメ目鳥類の渡り経路や移動を調査するために使用される．北米には多くの足輪装着のための基地があり，その多くはアマチュアの鳥類研究家によって運営されている．鳥類繁殖生存モニタリングと呼ばれるかすみ網を用いて足輪を装着する大規模な調査事業は，鳥類の生存率や繁殖力の変化を追跡調査するために行われている．この事業は，広域にわたる個体群の動向を調べるのに適した方法である．しかし，鳥は食物，つがい相手，隠れ場所を求めて広い範囲を移動するので，一般的に捕獲による調査は，小さな調査地域（1,000 ha 未満）での個体群追跡調査としてはほとんど用いられない．さらに，多くの鳥類個体群では，繁殖に参加しない成鳥がその大多数を占める．繁殖個体に比べて広範囲を移動することからはぐれ個体と呼ばれるこれらの個体は，通常，外見からは繁殖個体との区別ができず，時には行動からも区別がつかない（例えば，オスのはぐれ個体はよくさえずる）．そのため，捕獲結果の解釈は難しい．小面積での調査では，捕獲個体がどこからやって来たのかを調べることは特に難しい．さらに，小面積の場合には，当歳の幼鳥は出生地から広い範囲へ分散するため，捕獲だけでは（繁殖力を計算するための）年齢比を知ることはできない．そのため，捕獲を伴う研究設計は慎重に行われなければならない．当然，このような弱点は，個体数調査法においても同様である．

6.3.5 個体数調査法の比較

Bibby et al. (1992：box5.2) が記す，同じ仮定条件下の森林で実施されたなわばり記図法，ライントランセクト法，定点観察の比較を参考にしてほしい．本書にて繰り返して述べているように，使用する手法は研究目的に応じて選択されるのである．Bibbyをはじめ多くの研究者は，特別な技術あるいは標準的技術の変法が必要となる個々の種または種群（集団営巣性鳥類，猛禽類，夜行性鳥類）に適した手法についても述べている．

6.4 哺 乳 類

調査対象地における哺乳類とその多様性の評価には様々な手法が利用できる．しかし，比較的小

面積であっても，生態が大きく異なる種が生息するため，哺乳類調査に特有の難しさがある．例えば，温帯の北アメリカでは，わずか1 haないし2 haの調査区ですら，数種の穴居性哺乳類，トガリネズミ類，シロアシマウス属（*Peromyscus*），小型肉食哺乳類（イタチ類，スカンク）が生息しており，コウモリのねぐらもある．さらに，中型や大型の哺乳類がこの地域を毎日横切っているかもしれない．このように多様な哺乳類が生息する場合，調査は難しくなる．

Wilson et al. (1996) は，多くの哺乳類の調査手法について詳述している．本節の内容の多くは，Wilson et al. (1996) に基づいている．哺乳類の種数や個体数を研究するための多くの野外調査技術は，次の2種類に大別される．1つは観察技術（直接観察もしくは動物痕跡による間接観察）で，もう1つは捕獲技術である．

6.4.1 証拠標本

小型あるいは中型の種を野外で同定するのはなかなか難しい．これは，分類基準が，頭蓋骨やその他の骨格などの複雑な形態学的特徴によることがあるからである．さらに，若齢個体の場合には，現物を手にしても，同定が困難なことも多い．したがって，蓄積された研究をさらに充実させるためには，証拠標本を残しておくべきである．証拠標本は，研究に用いられた個体の特徴を確認したり，研究の正確な再現，再評価を保証したりするための物証となる（Reynolds et al. 1996)).

6.4.2 飛翔しない哺乳類の観察

調査地域における哺乳類の生息の有無と個体数を調査するための様々な観察技術がある．それらには目視，音，物的証拠（特に足跡や巣穴）による探査法も含まれる．ここでは基本的な調査技術について述べる．Rudren et al. (1996) は，航空機からの調査や夜間調査のような特殊な調査技術について詳述している．

a. 追い出し法

追い出し法によって小面積の地域における動物の総個体数を推定できる．この技術は，調査地域を取り囲むように調査者を配置し，動物を追い出しながらその個体数を数えるというものである．本来この手法は，発見が容易で，調査地域内に隠れられない種に対して有効である．追い出し法は，有蹄類の調査で数多くの成功を収めている．Rudren et al. (1996) は，追い出し法における特別な技術と分析法について詳述している．

b. トランセクト法

他の脊椎動物に対しては，ライントランセクト法やストリップトランセクト法が用いられる（前述の両生・爬虫類や鳥類に関する解説を参照）．哺乳類調査でも，他の脊椎動物の場合と，理論的仮定条件は同一である．ライントランセクト法では，調査者は目撃した動物そのものやその鳴き声，痕跡などを記録しながらライン沿いを踏査する．ストリップトランセクト法は，ストリップ（細長い区画）上で確認したすべての動物（または動物の痕跡）が記録対象になる点でライントランセクト法と異なる．すべての痕跡を調査する場合には，ストリップは一尋（両手を広げた長さ）程度の比較的狭い幅に設定される．通常，足跡・巣穴・糞を調査する場合，ストリップトランセクト法が用いられる．動物を直接観察する場合，ストリップの幅は動物の発見しやすさや植生の混み合い度に応じて決定される．

ロードカウントは多くの哺乳類研究，特に有蹄類で使われてきた（夜間のライトセンサスを含む）．この手法は，道路そのものが踏査ラインである点を除いて，ライントランセクト法やストリップトランセクト法と同様である．調査地域の踏査が容易で，短期間で広い地域を調査できるので，この手法を好んで用いる人もいる．しかし，道路は任意ではなく地勢に応じて建設される物で

図 6.7 （写真左）カリフォルニア州インヨー郡の廃坑．コウモリはねぐらや出産場所としてよく廃鉱を利用する．（写真右）カリフォルニア州インヨー郡，廃鉱を使用するタウンゼントオオミミオオコウモリ．（著者撮影）

あり，この手法には当然偏りが生じる．ロードカウントは長期間の動物個体数の指標を得るためには適しているかもしれないが，個体群全体を推定する手法として用いてはならない．

c. 方形区調査

方形区調査（正方形もしくは長方形の調査区）は，調査区内のすべての動物またはその痕跡が観察可能な点で，ストリップトランセクト法に似ている．しかし，実際の方形区調査では，痕跡（巣穴，足跡，糞）を集中的に調査する小調査区（1～100 m 四方）を任意に（または層化抽出法*により）配置することが普通である．この手法は，通常，動物の経時的な活動量指標を得るために用いられる．

6.4.3 コウモリの観察

古くから市民の間では，コウモリを病原菌媒介者として見なすことが多かった．多くの地域で，コウモリが人間の生活圏近くに生息していると，害獣と見なされ，駆除されてきた．多くの哺乳類と同様に，コウモリは病原菌媒介者となることもあるが，人間と接触するようなことは減多になく，さらに大量の農作物害虫を捕食する．実際に，現在では，多くの農家がコウモリに生息してもらうためのねぐら用の箱を設置している．それ故，人間とコウモリの相互関係をよりよく理解するための研究も含めて，コウモリの生態学への興味は高まってきている．しかし，害獣としてのコウモリという固定観念が多くの地域で残っており，コウモリの分布と個体数に関する情報はほとんどない．多くの図鑑でコウモリについてみてみると，一般的な分布と生息地利用の概略が掲載されている程度である．鳥類と同様，コウモリの多くも繁殖地と越冬地の間で渡りを行う．その間，コウモリはねぐらと採食場所を必要とする．それゆえ，コウモリについて詳細に調べるには，一年中調査を行なわなければならない．個体数の把握を目的としたコウモリの調査は，通常ねぐらの近くで集中的に行われる．基本的な調査手法には，ねぐらにおける直接カウント，攪乱カウント，夜間出巣時のカウント，冬眠場所におけるカウント，超音波探知機がある．Kunz et al. (1996) と Jones et al. (1996) は，一般的な調査手法と特別な捕獲技術について詳述している．

a. ねぐらにおけるカウント

ねぐら内での直接カウントは，日中に巣穴の中にいる視認できるすべてのコウモリを，1人もしくは複数の調査者によって数える手法である（図

（訳注）**層化抽出法**： 母集団をある指標に基づき分類し，各々の部分母集団からサンプルを抽出する方法

6.7). コウモリは水平面（例えば，建物や洞窟の天井）にぶら下がって寝るので，この手法によってほぼ全個体数を調査することができる．しかし，裂け目やその他調査者の視界をさえぎる遮蔽物の奥に寝るコウモリも多くいる．直接カウントは，小さく単純な構造を持つねぐらにおけるコウモリの個体数調査に使用できるが，ねぐらの中におけるコウモリの移動は不明であるため，ねぐら間の個体数の比較には適していない（視認できないコウモリの個体数は調査ごとに異なるようである）．

攪乱カウントでは，視認できない場所にいるコウモリを数えることもできるし，コウモリの移動によるカウント結果の違いも生じない．これは，日中にコウモリを刺激し，巣から飛び出さざるを得ない状況にして，飛翔中の個体を数える手法である．コウモリをねぐらから出してしまえば，直接数えたり，写真を撮ったりすることができる．この手法がうまくいくかどうかは，調査者の技術と攪乱に対するコウモリの感受性にかかっている．もし飛べない個体やねぐらから離れない個体，あるいはねぐらを一旦離れてもすぐにまた戻ってしまうような個体がいる場合には，正確には数えられないだろう．さらに，この手法を実施する際の天候に注意する必要があり，妊娠あるいは保育中のメスがいる繁殖期には使用すべきではない．

夜間出巣時のカウントは，コウモリがねぐらを離れる時に実施される（Kunz et al. 1996 は，ここで紹介するものに準ずる夜間分散カウントという手法を紹介している）．この手法は，人間が近づきにくい場所にねぐらを持つコウモリや，複雑な構造を持つねぐらを利用するコウモリのカウントには有効な方法であり，さらにはコウモリへの攪乱を最低限にとどめることもできる．もちろん，出巣時にコウモリの数を正確に数えることは難しい．出入り口が1つしかない小さなねぐらを除いて，通常，数人の調査者が必要である．この手法を個体数調査に使用するためには，観察者の努力量，技術，配置，気象条件，観察時間の基準を設定しなければならない．また，出巣するコウモリを写真やビデオに記録することもある．暗視装置が役立つこともあるだろう．

越冬場所におけるカウントは，冬眠中のコウモリの個体数を数えるため，真冬に実施される．しかし，冬眠中のコウモリを死なせる恐れがあるため，攪乱には特に注意しなければならない．コウモリ個体群の維持には適切な冬眠場所の存在が重要であるので，これらのねぐらの位置を特定し，保護しなければならない（Szewczak et al. 1998；Kuenzi et al. 1999）．

b．超音波探知機

超音波探知機（バットディテクター）は，コウモリの確認に役立つだけでなく，種の同定にもよく使われている．この装置は，夜間に池や川岸の採食場所といったねぐら以外の場所で種数を調べるために使用されてきた．反響定位のための超音波によって種を同定する際には，周波数帯，周波数の経時的変化，パルスの保持間隔といった種特有の特徴を基準にする．発せられる音波の周波数帯の多くは20～200 kHzと高周波である．探知機は常に改良され，価格も安くなっており，探知機に関する総説もいくつか出ている（例えば，Kunz et al.1996の総説を参照）．しかし，モニタリング調査で超音波探知機を用いる際には，いくつかの制約がある．特に，データの記録と解釈には熟練を要する．コウモリが発する音波が種内あるいは種間で変化するか，そして地理的位置でどのように変化するかという研究は，まだ始まったばかりである．調査地における既知の種から録音された検索用の音波標本が，多くの場合必要である．最近の研究で，ホオヒゲコウモリ属など数種の音波の周波数帯は重複しており，音波による種の同定が困難であることが指摘されている．さら

図 6.8 小動物の捕獲，処理，標識装着は種構成の変化や健康状態を精査するためにモニタリングの一環として行われる．(著者撮影)

に，いくつかの種は音波の到達距離が短いため，探知機によって常に種数を完全に評価できるわけではない．また，稀にしか捕獲できないコウモリも数種存在するので，種数を完全に測定するためには，技術をいくつか組み合わせることが必要である．

6.4.4 捕獲技術

様々な哺乳類の捕獲技術が文献で広く紹介されている．しかし，他の研究で使用された技術を単純に転用しても，自分自身の研究にそれが適しているとは限らない．実際には，妥当性が十分検討された標準的な手法というものはほとんどない（第4章では研究設計と，特に予備調査について述べている）．しかし，頻繁に用いられる手法は出発点としては適しており，予備調査のデータを研究目的と照らし合わせて，その手法を改良すればよい．いずれの研究においても以下の点について考慮しなければならない．

● 捕獲器具の種類
● 餌の種類と量
● 罠の配置
● 捕獲の間隔
● 動物捕獲時の処理手順（取り扱い，同定，標識）

Jones et al. (1996) は，広く普及している哺乳類の捕獲技術を概説している．最も使用頻度の高い手法をここにまとめた．

a. 捕獲器具

小型哺乳類（150 g 未満）の捕獲にはいくつもの器具が用いられる．最適な捕獲器具は，対象種や研究目的によって異なる（図 6.8）．

はじき罠は齧歯類を対象にした致死的罠である．この罠は，種数を短期間で調査する際に適しており，特に出向くのが困難な遠隔地では有効である．除去法を用いて個体数推定を行う場合にも用いられる（Lancia and Bishir 1996 参照）．当然のことながら，保護対象種の生息が予想される場合には，はじき罠を使用すべきでない．ネズミ用の

小型の罠が普通の店で市販されているが，この罠は，最も小型の齧歯類を除いて，動物を即死させるほどの威力がないので，使用すべきではない．最も効果的なはじき罠は，Museum Special 製のネズミ・ラット用罠である（Woodstram Corporation, Lititz, PA 17543 が販売）．

箱罠は，最もよく使用される小型哺乳類を対象にした生け捕り罠である．最も有名な罠はシャーマントラップである（H. B. Sherman Traps, Inc. Tallahassee, FL 32316 製造）．有名ブランドの印画紙や写真台紙を好むのと同じように，多くの人々がシャーマン製の罠を好むが，小型哺乳類用罠の製造会社はいくつもある（Wilson et al. 1996：app.9 を参照）．箱罠は，動物を殺さずに個体数指標（種数ももちろん）を得るために本来使用される．箱罠にはいくつものサイズがあり，様々な大きさの動物を捕獲できる．通常，箱罠は設置後一昼夜放置されることが多いので，捕獲された動物を保護するための以下のような手段を講じなければならない．

● 十分な餌を供給する．
● 断熱材（紙くず，ポリエステル・綿・毛製の布）を供給する．
● 罠を部分的に埋設し，草や土によって覆う．
● 罠を葉や木によって覆う（スギ板など）．
● 地面上に無防備な状態で罠を設置しない．

このように罠を保護することによって，捕食者が罠をいたずらすることも防げる．調査者には，動物の不快感を最低限度にとどめる倫理的義務がある．しかし，捕獲による死亡も起こりうるので，その際には死体を証拠標本とする．箱罠は中型哺乳類（5 kg 未満）や大型哺乳類（5 kg 以上）にも使用可能である．しかし，そういった罠は重く，調査地域に十分な数を設置するのは困難である．それゆえ，ハサミ部分を布やゴムで覆ったトラバサミを箱罠に代用することも多い．動物の怪我や精神的苦痛，捕食を防ぐために，トラバサミを使用した場合には，頻繁に罠を見回らなければならない．公共的な配慮から，いくつもの州（アリゾナ，カリフォルニア，その他）では最近トラバサミの使用が規制されている*．

墜落缶は，特に小さな哺乳類（10 g 未満），中でもトガリネズミ類（*Sorex*）の調査に効果的である．哺乳類用の墜落缶の設計と設置方法は，前述の両生爬虫類（誘導柵も含む）と同様である．実際には，事業目的にかかわらず，哺乳類と両生爬虫類の両方が多くの墜落缶で捕獲される．種数や個体数を調べるためには，長期間（大抵 2～3 カ月）墜落缶を設置し続けなければならない．毎日罠を見回るのは大変なので，墜落缶は元々，液体（蒸発を防ぐために水と不凍液の混合液を普通用いる）を張って動物を溺死させるために使われていた．液体を張らずに，断熱材や布，餌を供給すれば，墜落缶を生け捕り罠として使用することもできるが，設置場所によっては水が溜まってしまうだろう（乾燥している環境では排水穴を開ければよいが，降水量の多い環境ではそれも不可能である）．

Jones et al. (1996) は，上記以外に網や吹き矢，薬餌なども含めて，中・大型哺乳類の特別な捕獲技術をまとめている．

b. 誘引餌

給餌によって，通常，罠の捕獲効果は上がる．さらに，食物は動物が罠に拘束されている間のエネルギー源にもなる．しかし異なる餌に対して動物がどのように反応するかは，実際のところまったくわかっていない．齧歯類の標準的な餌はエン麦の玉（オートミールを丸く固めた物）にピー

（訳注）日本では「鋸歯のあるトラバサミ，または罠を開いた状態における内径の最大長が 12 cm 以上のトラバサミ」は法律により使用が禁止されている．

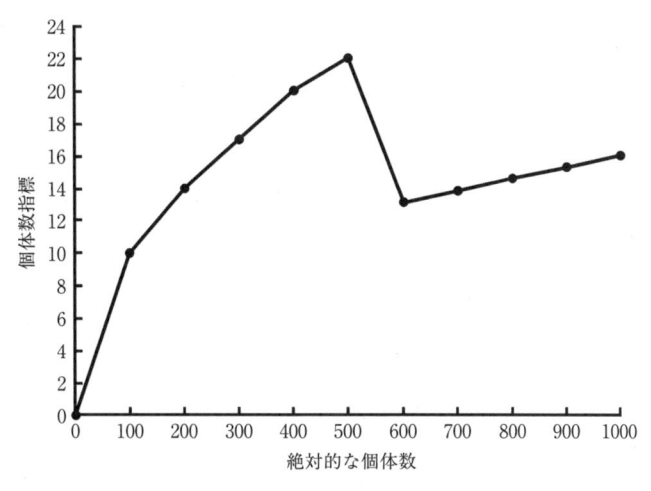

図 6.9 個体数指標と絶対的な個体数の関係.
(M. J. Conroy, *Measuring and Monitoring Biological Diversity : Standard Methods for Mammals*, Figure 38. Page 181. Copyright 1996, Smithsonian Institution Press)

ナッツバターをまぶした物，もしくは市販されている鳥用の混合種子である．いくつもの罠を1つの場所で使用する場合には，餌を使い分けることができる．餌は約1さじ分で十分である．特定の餌でしかおびき出せない種もいる．例えば，サワカヤマウス（*Reithrodontomys raviventris*）の餌には，クルミと鳥の粒餌を粉にしたものがよい．肉食動物に関しては，肉塊（哺乳類の死体，魚，家禽）や擬臭（尿，腐卵，魚油）を誘引物として利用するとよい．中・大型哺乳類を対象に箱罠を用いる場合には，水を与える事を忘れてはならない．そして，餌が罠の仕掛けの邪魔にならないように注意する必要がある（例えば，箱罠の踏み板の下に餌がひっかかるなど）．

c. 罠の配置

哺乳類のインベントリ作成，個体数推定のいずれにおいても同じ種類の罠や餌が使用される．しかし，罠の配置の仕方は研究目的によって異なる．哺乳類のインベントリの作成を目的として，罠をトランセクト沿いにおいてもよい．トランセクトの長さは研究目的と環境条件によって異なる（例えば，パッチ状か一様か）．とりあえず，小型哺乳類の場合には，Jones et al.（1996）が推奨するように，最短150 mトランセクトに10〜15 m間隔で罠を配置すればよい．より大きな哺乳類の場合には，行動圏面積を考慮してトランセクトの長さを決定するべきである．中型哺乳類では，罠間隔は最短でも100 mはとった方がよい．しかし，哺乳類のサイズが大きくなるほど移動様式は甚だしく変化するので，標準的なトランセクトの長さや罠間隔は提示できない．大面積を調査する場合には，平行にトランセクトを設定したり，できれば広域の格子区画を設定したりする方がよい．もし繰り返し捕獲を行うならば，結果から個体数指標を導くことも可能である．

Jones et al.（1996）が指摘するように，トランセクトは密度推定には使用できない．密度とは，単位面積当たりの個体数であるからである．しかし，特定の絶滅危惧種を対象にした，一種のみの密度を知る必要がある場合は例外である．齧歯類の捕獲における罠の配置は，1格子上に1つの罠をおき，格子間隔を10〜15 mにして，罠数を「8×8＝64」から「10×10＝100」とするのが典型的である．Jones et al.（1996）は，格子数

10×10で2つの罠をおく方法を推薦している.このような配置は,少なくとも調査の初期段階ではよい方法かもしれないが,密度推定に適した方法とは考えられない.第一に,多くの動物において,格子区画は恣意的に設定されるため,得られた密度も恣意的なものとなってしまう.例えば,Smallwood and Schonewald（1996）は,肉食動物における密度推定において,その値に最も影響を与える要素は調査者が設定した面積であることを示している.第二に,最近の電波発信器を用いた研究により,齧歯類の行動圏面積は,従来使用されている格子区画の面積よりもはるかに広いことが分ってきた.言うなれば,あらかじめ決められた大きさの格子区画を用いて行動圏面積を決定するという研究は,循環論である.そして,第三に,適切な調査強度を用いれば,ここで得られる個体数指標は密度の代用とすることができる（図6.9）.多くのモニタリング調査においては,調査強度を標準化することで,個体数指標は適切なものとなる.格子区画に罠をおく方法は大型哺乳類にも応用できる（ただし罠間隔に注意すること）.

d. 捕獲期間

調査研究の多くは,種数の把握と個体数推定を目的にしている.通常,復元事業は種数や個体数が経時的に増加することを期待するので,計画の進行状況を評価するために,これらを高い信頼度で推定する必要がある.多くの場合,罠を設置する期間（連続捕獲日数）を標準化することは適切とはいえない.これは,種数が多い地域では,種数や個体数を定量化するためには,通常,長期間の捕獲が必要なためである.捕獲努力量とその結果明らかになった動物相との関係に関する研究はほとんどない.齧歯類の研究では,大抵3日間の捕獲期間を設定しており,中には4～5日程度のものもある.Jones et al.（1996）は,対象種の活動が活発になる期間が5～6回含まれるように捕獲計画を立てるのがよいとしている.つまり多くの小型哺乳類では,捕獲期間は5～6日となる.Jones et al.（1996）によると,中型哺乳類では,最低7日間の捕獲を続けることが望ましい.捕獲期間を決定するため,予備捕獲を行った方がよい.もちろん,捕獲期間が長くなるほど,多数の調査地域で捕獲を行うことは困難になる.一方,地域が増えても捕獲努力量が不十分では意味がない.

小型哺乳類の多くは,捕獲期間中に,同一個体が繰り返し捕獲されることがある.そのため断熱材や餌が罠に十分用意されていないと,そのような個体は次第に痩せ,多くが捕獲期間の終盤に死んでしまうことがあるので注意が必要である.

e. 動物の取り扱い

Jones et al.（1996）は,小型哺乳類について,捕獲個体を罠から外す方法と,形態計測,標識および作業中の動物の取り扱い方を説明している.野外作業従事者は,例えば狂犬病,感染症,ハンタウイルス*といった小型哺乳類が媒介する病気にも熟知していなければならない.さらに,野外作業従事者は,ダニ媒介のライム病*に感染する可能性もある.事業責任者は,調査対象地域におけるこれらの危険性について協議し,最新の予防策を講じるために,米国疾病予防管理センターや地元の保健局と連絡を密にするべきである.

f. コウモリに関する技術

コウモリは様々な理由により（例えば,種の同定,性齢比・繁殖状況確認,標本,標識のため）捕獲される.Jones et al.（1996）は捕獲技術についてまとめており,Kunz（1988）は方法論を詳述している.ここでは,数種類の一般的な技術といくつかの注意点について簡単に紹介する.

インベントリ作成においてコウモリの捕獲を行

（訳注）**ハンタウイルス**： ブニヤウイルス科のウイルスで,人に急性の高熱や呼吸困難をもたらす疾患を引き起こす
ライム病： 人畜共通の感染症で,感染初期にはインフルエンザと似た症状を示す場合がある

図 6.10 水場近くにおけるかすみ網の配置例.

図 6.11 ハープ状罠の設置例.

う際には，いくつか考慮すべき点がある．それは，天候，月明かり，一日の活動様式，季節的行動（わたり，分散，繁殖），植生構造（林冠の高さ），集団繁殖地の規模と種類，個体数，捕獲器具の配置である．これらの要因は捕獲されるコウモリの種構成や個体数に影響する．それゆえ，ある調査期間中に複数の調査地域を比較する場合には，これらの要因を標準化するか，もしくは捕獲時の状況説明を付帯させることが不可欠である．コウモリを捕りすぎたり，罠からの解除と計測作業に時間がかかりすぎたりする問題が生じるので，ねぐらの近くでの捕獲は特に注意が必要である．

コウモリは水辺や川岸の木の上といった昆虫の多い場所で集中的に採食活動を行う傾向があるので，そのような場所の付近で捕獲が行われることが多い．そのため，コウモリの活動を偏って把握することになる．コウモリは水辺から離れた場所でも採食活動を行う．明らかにコウモリの誘引物がない小規模の調査地域では，前述の目視観察を行って捕獲の必要性を検討することが望ましい．

鳥類の捕獲に使用されるかすみ網は，コウモリの捕獲にも広く使用される．通常，ねぐら（洞穴，建物）や池といったコウモリが集まる場所の周囲に罠を設置するが，コウモリが集まると考えられる場所ならばどこでも罠を設置して構わない（図6.10）．当然，網の高さによって，捕獲されるコウモリに偏りが生じる．鳥類と同様に，コウモリ捕獲の際は植生の上部に沿って採食するような高い場所を飛ぶ個体を捕獲するために，支柱あるいは滑車を使って網を設置することもできる（Jones et al. 1996：fig.19）．亜高木層に網を設置すれば，地表近くに設置するよりも捕獲効率は10倍高い．

ハープ状罠（ハープトラップ）もよく用いられる捕獲器具の1つである（図6.11）．この罠は，長方形の枠の中に糸を垂直方向に並べて張ってある（楽器のハープの弦のように）．コウモリが糸に衝突すると，罠の下に取り付けた袋に落下する仕組みで，捕獲された個体を容易に取り出せる．かすみ網が大面積の調査地を網羅するのとは対照的に，この罠は捕獲器具が限定される狭い場所（狭い小川，洞窟の入り口）での捕獲に使用されることが多い．ハープ状罠とかすみ網には，コウモリの捕獲効果に差がある．ハープ状罠は大型コウモリ（150 g 以上）を捕獲する際により効果的である．

まとめ

動物生態学者は脊椎動物の厳密な調査手法の開発に多大なる努力をしてきた．特定の種に対する最善の調査手法は何かという質問をよく受ける．研究の目的が明確ならば，この質問に回答することができる．つまり，調査手法と調査強度は研究目的や事業計画に則していなければならないということである．第4章で述べたように，調査は過剰であっても不足であってもならない．そして，本章で見てきたように，復元事業者は，事業設計を行う際に，脊椎動物の調査手法に関する十分な文献を見つけることができるだろう．さらに，新しい技術の開発と発展に躊躇してはならない．

引用文献

Bibby, C. J., N. D. Burgess, and D.A.Hill.1992. *Bird Census Techniques*. Academic Press.

Block, W. M., K. A. With, and M. L. Morrison. 1987. On measuring bird habitat：Influence of observer variability and sample size. *Condor* **72**：182-189.

Bookhout, T. A.(ed). 1994. *Research and Management Techniques for Wildlife and Habitats*. 5th ed. Wildlife Society.

Conroy, M. J. 1996. Abundance indices. Pages 179-192 in D. E. Wilson, F. R. Cole, J. D. Nichols, R. Rudran, and M. S. Foster (eds.), *Measuring and Monitoring Biological Diversity：Standard Methods for Mammals*. Smithsonian.

Cook, C. W., and J. Stubbendieck (eds.). 1986. *Range Research：Basic Problems and Techniques*. Society for Range Management.

Cooper, C. F. 1957. The variable plot method for estimating shrub density. *Journal of Range Management* **10**：111-115.

Corn, P. S. 1994. Terrestrial amphibian communities in the Oregon Coast Range. Pages 304-317 in L. F. Ruggiero et al. (tech. coords.), *Wildlife and Vegetation of Unmanaged Douglas-fir Forests. General Technical Report PNW-GTR-285*. USDA Forest Service.

Crump, M. L., and N.J. Scott, Jr. 1994. Visual encounter surveys. Pages 84-92 in W.R. Heyer, M. A. Donnelly, R. W. McDiarmid, L. C. Hayek, and M. S. Foster (eds.), *Measuring and Monitoring Biological Diversity：Standard Methods for Amphibians*. Smithsonian.

Dodd, M. G., and T. M. Murphy. 1995. Accuracy and precision of techniques for counting great blue heron nests. *Journal of Wildlife Management* **59**：667-673.

Fellers, G. M., and C. A. Drost. 1994. Sampling with artificial cover. Pages 146-150 in W. R. Heyer, M. A. Donnelly, R. W. McDiarmid, L. C. Hayek, and M.S. Foster (eds.), *Measuring and Monitoring Biological Diversity : Standard Methods for Amphibians*. Smithsonian.

Ford, H. A., L. Bridges, and S. Noske. 1990. Interobserver differences in recording foraging behavior of fuscous honeyeaters. *Studies in Avian Biology* **13** : 199-201.

Ganey, J. L., and W. M. Block. 1994. A comparison of two techniques for measuring canopy closure. *Western Journal of Applied Forestry* **9** : 21-23.

Gotfryd, A., and R. I. C. Hansell. 1985. The impact of observer bias on multivariate analyses of vegetation structure. *Oikos* **45** : 223-234.

Hatton, T. J., N. E. West, and P. S. Johnson. 1986. Relationships of error associated with ocular estimation and actual cover. *Journal of Range Management* **39** : 91-92.

Heyer, W. R., M. A. Donnelly, R. W. McDiarmid, L. C. Hayek, and M. S. Foster (eds.). 1994. *Measuring and Monitoring Biological Diversity : Standard Methods for Amphibians*. Smithsonian.

Immelmann, K., and C. Beer. 1989. *A Dictionary of Ethology*. Harvard University Press.

Jaeger, R. G. 1994a. Patch sampling. Pages 107-109 in W. R. Heyer, M. A. Donnely, R. W. McDiarmid, L. C. Hayek, and M. S. Foster (eds.),*Measuring and Monitoring Biological Diversity : Standard Methods for Amphibians*. Smithsonian.

———.1994b. Transect sampling. Pages 103-107 in W. R. Heyer, M. A. Donnelly, R. W. McDiarmid, L. C. Hayek, and M. S. Foster (eds.), *Measuring and Monitoring Biological Diversity : Standard Methods for Amphibians*. Smithsonian.

Jaeger, R. G., and R. F. Inger. 1994. Quadrat sampling. Pages 97-102 in W. R. Heyer, M. A. Donnelly, R. W. McDiarmid, L. C. Hayek, and M. S. Foster (eds.), *Measuring and Monitoring Biological Diversity : Standard Methods for Amphibians*. Smithsonian.

Jones, C., W. J. McShea, M. J. Conroy, and T. H. Kunz. 1996. Capturing mammals. Pages 115-155 in D. E. Wilson, F. R. Cole, J. D. Nichols, R. Rudran, and M. S. Foster (eds.), *Measuring and Monitoring Biological Diversity : Standard Methods for Mammals*. Smitosonian.

Kepler, C. B., and J. M. Scott. 1981. Reducing count variability by training observers. *Studies in Avian Biology* **6** : 366-371.

Kuenzi, A. J., G. T. Downard, and M. L. Morrison. 1999. Bat distribution and hibernacula use in west-central Nevada. *Great Basin Naturalist* **59** : 213-220.

Kunz, T. H. (ed.). 1988. *Ecological and Behavioral Methods for the Study of Bats*. Smithsonian.

Kunz, T. H., D. W. Thomas, G. C. Richards, C. R. Tidemann, E. D. Pierson, and P. A. Racey. 1996. Observational techniques for bats. Pages 105-114 in D. E. Wilson, F. R. Cole, J. D. Nichols, R. Rudran, and M. S. Foster (eds.), *Measuring and Monitoring Biological Diversity : Standard Methods for Mammals*. Smithsonian.

Lancia, R. A., J. W. Bishir. 1996. Removal methods. Pages 210-217 in D. E. Wilson, F. R. Cole, J. D. Nichols, R. Rudran, and M. S. Foster (eds.), *Measuring and Monitoring Biological Diversity : Standard Methods for Mammals*. Smithsonian.

Lindsey, A. A., J. D. Barton, and S. R. Miles. 1958. Field efficiencies of forest sampling methods. *Ecology* **39** : 434-444.

Ludwig, J. A., and J. F. Reynolds. 1988. *Statistical Ecology : A Primer on Methods and Computing*. John Wiley & Sons.

Martin, P., and P. Bateson. 1993. *Measuring Behavior*. 2nd ed. Cambridge University Press.

Morrison, M. L., and L. S. Hall. 1999. Habitat relationships of amphibians and reptiles in the Inyo-White mountains, California and Nevada. Pages 233-237 in S. B. Monsen and R. Stevens (eds.), *Proceedings : Ecology and Management of Pinyon- Juniper Communities within the Interior West. Proceedings RMRSP-9*. USDA Forest Service, Rocky Mountain Research Station.

Morrison, M. L., B. G. Marcot, and R. W. Mannan. 1998. *Wildlife-Habitat Relationships : Concepts and Applications*. 2nd ed. University of Wisconsin Press.

Ralph, C. J., and J. M. Scott. 1981. Estimating numbers of terrestrial birds. *Studies in Avian Biology* **6** : 1-630.

Ralph, C. J., G. R. Geupel, P. Pyle, T. E. Martin, and D. F. DeSante. 1993. *Handbook for Field Methods for Monitoring Landbirds*. General Technical Report PSW-144. USDA Forest Service.

Ralph, C. J., J. R. Sauer, and S. Droege. 1995. *Monitoring Bird Populations by Point Counts*. General Technical Report PSW-GTR-149. USDA Forest Service, Pacific Southwest Research Station.

Remsen, J. V., and S. K. Robinson. 1990. A classification scheme for foraging behavior of birds in terrestrial habitats. *Studied in Avian Biology* **13** : 144-160.

Reynolds, R. P., R. I. Crombie, R. W. McDiarmid, and T. L. Yates. 1996. Voucher specimens. Pages 63-69 in D. E. Wilson, F. R. Cole, J. D. Nichols, R. Rudran, and M. S. Foster (eds.), *Measuring and Monitoring Biological Diversity : Standard Methods for Mammals*. Smithsonian.

Reynolds, R. T., J. M. Scott, and R. A. Nussbaum. 1980. A variable circular-plot method for estimating bird numbers. *Condor* **82** : 309-313.

Roberts, G., and P. R. Evans. 1993. Responses of foraging sanderlings to human approaches. *Behavior* **126** : 29-43.

Roberts, W. A., and S. Mitchell. 1994. Can a pigeon simultaneously process temporal and numerical information ? *Journal of Experimental Psychology : Animal Behavior Processes* **20** : 66-78.

Rosenthal, R. 1976. *Experimenter Effects in Behavioral Research*. Irvington.

Rudran, R., T. H. Kunz, C. Southwell, P. Jarman, and A. P. Smith. 1996. Observational techniques for nonvolant mammals. Pages 81-104 in D. E. Wilson, F. R. Cole, J. D. Nichols, R. Rudran, M. S. Foster (eds.), *Measuring and Monitoring Biological Diversity : Standard Methods for Mammals*. Smithsonian.

Schleidt, W. M., G. Yakalis, M. Donnelly, and J. McGarry. 1984. A proposal for a standard ethogram, exemplified by an ethogram of the bluebreasted quail (Coturnix chinensis).

Zeitschrift für Tierpsychologie **64**：193-220.

Schultz, A. M., R. P. Gibbens, and L. DeBano. 1961. Artificial populations for teaching and testing range techniques. *Journal of Range Management* **14**：236-242.

Scott, J. M., F. L. Ramsey, and C. P. Kepker. 1981. Distance estimation as a variable in estimating bird numbers from vocalizations. *Studies in Avian Biology* **6**：334-340.

Scott, N. J., Jr. 1994. Complete species inventories. Pages 78-84 in W. R. Heyer, M. A. Donnelly, R. W. McDiarmid, L. C. Hayek, and M. S. Foster (eds.), *Measuring and Monitoring Biological Diversity：Standard Methods for Amphibians*. Smithsonian.

Smallwood, K. S., and C. Schonewald. 1996. Scaling population density and spatial patterns for terrestrial, mammalian carnivores. *Oecologia* **105**：329-335.

Szewczak, J. M., S. M. Szewczak, M. L. Morrison, and L. S. Hall. 1998. Bats of the White and Inyo mountains of California-Nevada. *Great Basin Naturalist* **58**：66-75.

White, G. C., and R. A. Garrott. 1990. *Analysis of Wildlife Radio-Tracking Data*. Academic Press.

Wilson, D. E., F. R. Cole, J. D. Nichols, R. Rudran, and M. S. Foster (eds). 1996. *Measuring and Monitoring Biological Diversity：Standard Methods for Mammals*. Smithsonian.

Zimmerman, B. L. 1994. Audio strip transects. Pages 92-97 in W. R. Heyer, M. A. Donnelly, R. W. McDiarmid, L. C. Hayek, and M. S. Foster (eds.), *Measuring and Monitoring Biological Diversity：Standard Methods for Amphibians*. Smithsonian.

7. 保護区の設計

自然保護区の設計については，数十年間にわたって広範な議論が展開されてきた．遺伝学，人口学，生息地の断片化，コリドーといった保護区の設計に関わる主要な論点について詳細に議論している文献は多くある（例えば，Margules and Usher 1981, Margules et al. 1988）．そこで本章では，特に広域的（あるいは景観的）観点から見た野生動物の生息地復元において，保護区設計のための理論がどのように適用されるのかについて述べる．論点は場所の選定から，自然復元事業の概略的な設計にまで及ぶ．

7.1 場所の選定

保護区の場所選定のあり方に関する文献は多く，十分に検討されてきた．1980年代初頭にはほぼ標準的な考え方が成立している（Margules and Usher 1981；Pendergast et al. 1999）．それに対し，順応的管理に関する文献は20年以上も前から存在しているにもかかわらず（Holling 1978），情報が不足している場合の設計手順を提示できるほどの経験は蓄積されていない．したがって，保護区設計者は皆，自らの計画が保護区選定方法によって想定されたものと異なっている点に関して，常に意識する必要がある．また，実証されていない保護区選定方法が，経験を蓄積するための実験の1つであることを認識する必要がある．第5章で述べたように，精密なモニタリングを計画することによって，自然復元の成功と失敗についての理解を深めることになるだろう．

研究者と計画者は，保護すべき生物資源を評価するのに汎用性の高い方法（それは定量的なものでないかもしれないが）を探し求めてきている．そこでは2つの概念が重要である．それは保護の対象となる生物分類群の数を最大にすることと，保全目標を達成するために必要な面積（あるいはコスト）を最小限に抑えることである（Margules et al. 1988；Church et al. 1996）．保護区選定の手順の多くは，それぞれのステップで，付加価値が最も高いものを選択すること，あるいは一連の制約の中で最もよい組み合わせを選ぶことである．

Margules and Usher（1981）とUsher（1986）は，保護区選定においてよく用いられる相対的評価のための指標をまとめている．

- 種の多様性（種数）
- 希少種の存在
- 生物種や生息地の象徴性
- 総面積
- 自然度と撹乱の程度
- 潜在的な有用性（資源の産出と利用）
- 教育的価値
- 消失の危険性
- 既知の歴史（生態学的な歴史・人間活動の歴史）

以下は上記以外に考えられる指標である．

●補強
　既存の保護区システムに新しい（保護区）ユニットを加えることによって得られる特有の効果（Margules et al. 1988；Pressey et al. 1994）
●象徴性（種だけではない）
　自然地理学的な視点も含める（Austin and Margules 1986）
●代替不可能性
　仮にその場所が消失した場合，保全計画の見直しが必要となる程度（Pressy et al. 1994）
●健全性
　「自然生態系システム」を維持する能力（Angermeier and Karr 1994）
●機会費用
　あるユニットが失われた場合，その代替機能にかかる費用（Pressey and Tully 1994）
●消失の危機の程度
　ある生息地ユニットが将来的に破壊される見込み（Rossi and Kuitumen 1996）
●残存可能性
　消失の脅威と復元可能性（Lockwood et al. 1997）

　これらの指標に基づいて保護区を選定していくことになる．保護区の持続性は，予測可能あるいは不可能な問題や未知の問題が発生したときに，保護区にそれを解決できるだけの受容可能性があるか否かにかかっている．

7.1.1 絶滅危惧種を保護するための指標の選択

　複数の絶滅危惧種を一括して保護する計画を構築するための方法論は，十分には研究されてきていない．事実，個々の種の存続に対する生息地ユニットの相対的な貢献度を判断するための指標は，生態系が持つ機能に関する指標ほど明らかにされていない．また大半の文献は生息地の設計よりもむしろ，野生動物と生息地の関係について取り扱っている（Morrison et al. 1998）．メタ個体群構造，保全遺伝学（Schonwall-Cox et al. 1983：414-445），そして個体群の存続可能性（Soulé and Simberloff 1986；Soulé 1991）のように，絶滅危惧種に関する研究は進んでいる．しかし，これらの理論を絶滅危惧種のための保護区選定に役立てる手法については，あまり研究が進んでいない（Caughley and Gunn 1996：217）．

7.1.2 生態系保護のための指標の選択

　保護や復元のために生息地ユニットや生態系を選定する作業は，保護区設定の最終段階である．Caughley and Gunn（1996）は，この作業には状態（生物種のあつまり）の保護，あるいはそのプロセス（生物種と生態系のシステムとの相互作用）の保護の2種類があり，それぞれには独自の一連の目的が設定される．しかし，状態の保護に着目した研究も，プロセスの保護を指向した研究も，調査地域に関する情報の不足による偏りや管理上の問題を克服できていない．また，仮に十分な情報があれば，プロセスの保護を目指す場合は，保護区選定の際にその持続性についても考慮するのに対し，状態の保護の場合は持続性の問題を後の管理（例えば自然復元など）に転嫁しがちである．また，生態系の働きやその変化を予測することについては，特に撹乱の影響について，依然議論がある（Orians 1993）．健全性，機会費用，消失の危機の程度，残存可能性のようにより新しい指標は既存の指標に比べ，特に撹乱された景観において，プロセスの保護の指標としてより適している．しかしながら，保護区選定後の自然復元事業やその他の管理事業によって，保護区設計の問題を解決することができるかどうかについてはまだわからない．そのような事後修正が求められる保護区の維持は，事後修正が機能している生態

系を含む保護区に比べて，より困難である．

7.1.3 特記事項

　保護区選定において最も重要な手順の1つは，計画地の柔軟性と代替不可能性という相補的特質の評価である．Pressey et al. (1994) は，柔軟性とは保全戦略に従って保護区の形態を変更することができることと定義している．計画ユニットの代替不可能性とは，複数の保護区デザイン案の中で，構成要素としてその計画ユニットが出現する回数によって評価される．柔軟性と代替不可能性を評価することで，ある特定のユニットあるいは保護区デザイン案の選択肢について評価できるようになる．保護区の目標が明確でない場合でも，代替不可能性の評価によって資源保護のレベルを設定するためのフィードバックの仕組みを作ることができる．地理情報システム (GIS) は，保護区の選択肢の迅速なモデル化とその後に行う代替不可能性の高い地域の識別において非常に有効である．

　保護区選定の成否は，生物資源の分布のあり方によって決まる．絶滅の恐れが高い種とその生息地が不均一に分布していたり，情報の精度がばらついていたりすると，保護区選定は難しくなる．保護区選定の成否を左右する要素の1つは，普通種の分布域の中に絶滅の恐れが高い希少種や生息地が存在する程度である．Ryti and Gilpin (1987) は，カリフォルニア南部の希少な植物はすべての植物種が出現しているような地域には生育していないこと，それゆえ植物種数を最大にするように計画した保護区システムでは，それら希少種の保護にはあまり役に立たないことを指摘している．種多様性が低い地域内に数少ない固有種が出現することは，地中海沿岸にみられる生態系においても一般的なパターンであり，北アメリカの固有種でも同様であろう．希少種が他の種の分布域に生息していない場合は，保護区選定の仕方が異なる．1つの大きな保護区がよいのか，あるいは複数の小さな保護区がよいのかという議論を引き起こす1つの要因となっている（いわゆるSLOSS問題：single large or several small）．

　たいていの保護区設計の過程において，対象となるすべての種あるいは生態系に関する情報収集は困難である．そして短い計画期間 (1～2年) では，新しいデータを収集するよりも，既存の情報を利用することが多くなる．このことの問題点は単なる情報の欠如ではない．むしろ問題なのは，明らかになっていないことまで誤って解釈してしまうことと，信頼性の高いデータと疑わしいデータが混在してしまうことである．指標種という考え方は，様々な活動の影響を受けやすい種に関して不足しがちなデータを補足する手法の1つとして提案された．どのような種類の指標であっても，予測に使うならば厳密に定義されなければならない (Landres et al. 1988；Morrison et al. 1992)．Flather et al. (1997) は，1つの生物分類群のデータだけでは，その他の分類群の動態を予測することはできないと指摘している．そして保護区計画者は他の代替法がないとして，誤用だと指摘する人がいることは理解しつつも，生物指標を今でも利用している (Roberts 1988)．マウンテンライオン (*Felis concolor*) とイヌワシ (*Aquila chrysaetos*) は生息地の撹乱に対して敏感なので，カリフォルニア州南部で指標種として用いられている．しかし植生の変化が希少種の大半に影響を与えているにもかかわらず，この2種に問題は生じていない．

　野生動物-生息地相関モデル(Wildlife/Habitat Relationship model：WHRモデル) は，情報が不足している状況で野生動物の生息を評価するために用いられてきた．Morrison et al. (1998) がこのモデルについて詳細に論じている．彼らの一貫した主張は，評価の目的を明確にすること，評価のステップごとにそのモデルを検証することの

2つである．多くの場合，実際の観察によるデータの代用として，地理学的ユニット（典型的な例ではGISにおける植生ポリゴン）に動物の分布を対応させている．しかし，地理的スケールにおけるWHRモデルは検証が困難である．なぜなら個々の種の分布は長い間，人為的な影響を受け続けていたり，一時的変動が生じていたりするからで，それは植生図にも表れている．また，すべての分類群が環境の変化などに対して同じように反応するという仮説は受け入れにくい．種の生息が観察されたポイントを景観スケールにおいて分布ポリゴンへ変換することは，広域的なギャップ分析の場合には機能する（Scott et al. 1993）．しかし，局地的な復元プロジェクトにおいては十分な説明と慎重さが求められる．

Noss et al.（1997）によれば保護区設計における原則は以下のように要約される．

- 広域的に分布している種は，分布が狭い地域に限られている種よりも，絶滅に対する耐性が強い．
- 大きな個体群が生息している大きな保護区は小さな保護区よりも優れている．
- 保護区は，互いが遠く離れている場合より，近くにあるほうが優れている．
- 連続的に分布した保護区は分断化されているより優れている．
- 保護区は孤立している場合より，相互に連結しているほうが優れている．
- 変動する個体群は安定した個体群よりも脆弱である．
- コア（分布中心）の個体群に比べて，隔離されたあるいは周縁部の個体群は遺伝的多様性がより貧弱で，絶滅しやすい．しかし，遺伝的特異性が認められる．

第1章と第2章で述べたように，動物の移動（分散と渡り）と種それぞれが必要とする資源とその制約に関する情報は，自然復元の際に重要である．そして既に見てきたように，自然復元事業の成否は，対象の野生動物の空間的状況（景観的配置），そして自然復元の舞台となる地域がその種の要求量をどの程度満たすことができるかにかかっている（Bissonette 1997）．

7.1.4　保護区の大きさ

不十分な大きさの生息地ユニットでは，対象種にとって生存に適した保護区にはならない．ではどの程度の大きさがあれば十分なのであろうか．種の存続にとっては大面積の方がよりよい．種と面積の基本的な関係は，単純に面積が大きければ大きいほどより多くの種を収容できるというものである．さらにいえば，面積が大きいほどより長い期間種を存続させることができる．北米の研究例から見れば，100 ha未満の孤立した生息地では，たいていの場合，在来の脊椎動物を維持できるのはわずか数十年間に過ぎない（図7.1）．Soulé et al.（1992）は，大型捕食者（コヨーテやキツネ類）は，イエネコやノネコなどの小型捕食者の個体数をコントロールすることによって，それらの小さな生息地の崩壊を防いでいることを示した．長期にわたって撹乱が繰り返され，また，火事の発生頻度が変わることによって，植物種も絶滅するかもしれない．

在来の動物相を維持するために必要とされる面積は，生息地の質によって異なる．保護対象種にとって低質な資源しか存在しない地域は，高質な資源（例えば餌資源のタイプや量，天敵の数など）を保有する地域に比べ，大きな面積を必要とするだろう（Meffe and Carroll 1997：313-314）．また計画しているユニットの大きさにより，周縁部の量が決まり，エッジ効果の程度も予測できる．小面積の地域は大きな周長／面積率を持つ（つまり周縁部は増加する）一方で，保護区の内部面積

図7.1 カリフォルニア州サンディエゴ郡で撮影されたこの写真のように，孤立した小さな保護区で野生動物が復元することはほとんどない．（写真提供：Thomas A. Scott）

は減少する．このような状態は，生息が好ましくない植物や動物の侵入に対してその地域をより無防備にし，さらに気温や風などの環境影響による弊害を助長することもある（Meffe and Carroll 1997：316）．自然復元事業における典型的な例は，池の周りにみられる狭い範囲の植生や住宅開発地の周縁にみられる緑地帯であろう．Huxel and Hastings（1999）は，自然復元事業における個体群の分布動態の重要性を指摘している．彼らは，保護の対象となっている種の生息区域に隣接した場所で自然復元を行うこと，あるいは既に自然復元を行った区域に対象の種を再導入することで，自然復元事業の効果が高まることを報告している．

7.1.5　不均一性と動態

種組成，個体群の密度とそのばらつきを含むある地域の内部構造は，攪乱のパターンとパッチの寿命によって決定される．その大きさにかかわらず，計画地域は様々な大きさと年齢のパッチがモザイク状に分布しているものであり，その場所の動物相の多様性は，これらのパッチの数とその動態の影響を受ける．また，生息地パッチには種固有の概念があること，それゆえに個々の種が必要としているもの（例えば，サンショウウオのパッチサイズとウサギのパッチサイズは異なる）を考慮する必要があることに留意してもらいたい．さらにパッチは時間の経過に応じて変化するだけでなく，遷移や攪乱によって新しいパッチが創出されて，その空間的構成は変化していくのである．

したがって，自然復元事業では，その事業区においてそれぞれのパッチの動態とともに，望ましいパッチの不均一性を考慮しなければならない．理想的には，自然復元地域は，対象種が必要とするパッチの種類のすべてを包含するくらい十分な大きさであることが望ましい．また，多くの個体群はメタ個体群を構成していることを思い出してほしい（第1章）．ところが，たいていの自然復元事業の面積はあらかじめ決定されており，最も小型のものを除くほとんどの脊椎動物にとって，

そのメタ個体群を包含するには小さすぎる．そのような場合には，特定の動物種とパッチの環境との関係を考慮する必要がある．ある遷移段階で撹乱によって成立する植物種があり，その植物を必要とする動物がいることを想定してほしい．小さな生息地では撹乱そのものによって，その動物が絶滅してしまうことがありうる（小面積であるがゆえ，利用可能な撹乱されていない避難地域（レフュジア）がないからである）．したがって多くの場合，自然発生的な撹乱の代替措置，例えば火災の代わりに人為的な掘り起こしを行うなどが必要になる．

実際，小型の脊椎動物は，小型種の保護にも役立つアンブレラ種として考えられている大型動物相に比べて，メタ個体群構造の変化の影響を受けやすい．また世代間隔が短く，個体数増加率が高く，生息地に対して強い特異性を持つ小型種は，大型の脊椎動物に比べて，局地的な密度非依存型の環境要因に対して脆弱である（なぜなら，小型種は小面積の環境に適応しており，たいていの場合移動能力も低いからである）．

7.1.6 景観の視点

保護区の生物要素は，保護区内のパッチの動態だけでなく，周辺地域からの影響も受ける．それを景観マトリクスと呼ぶ．保護区はより大きな空間内の1つのパッチとして捉えることができる．Meffe and Carroll (1997) が指摘したように，季節的に異なるパッチを利用する種もおり，彼らはより大きい景観マトリクス内でこれらのパッチを利用できなければならない．例えば，季節移動をする植食動物（シカやエルクなど）は，冬季には低標高地域に，夏季には高山地帯の草地に移動する．このようにして彼らは保護区間を移動するのである．一方，サンショウウオの中には幼生期までは池の中で成長し，成体になると近接した陸上に移動する種もおり，1つの保護区内で一生を過ごす種もいる．

George and Zack (2001) は，自然復元において野生動物の分布と個体数に影響を与える景観要素について検討した．例えば，彼らはハイイロオオカミ（Canis lupus）の群れ（パック）の生息地利用に対して，道路密度が与える影響について議論している（Mladenoff et al. 1999）．それによれば，道路密度が $0.45\,km/km^2$ を越えるほとんどの地域にはハイイロオオカミは定着していなかった．しかし，ハイイロオオカミが地域全体に生息域を広げるほど十分な時間が経過していなかったので，生息可能と予測された複数の地域においても，生息が認められなかった．こういった現象は，広大な面積を利用する動物種の復元計画を成功させるためには，その地域特有の状況についても十分に検討しなければならないことを示している．

小面積の生息地を利用している動物種でさえ，その地域の景観パターンの影響を受けている．例えば，鳴鳥の巣における捕食は，小規模な空間的スケールよりも広大な森林のカバー（$10,000\,km^2$ 程度）の有無による影響が大きいことが明らかにされている．したがって小型動物である鳴鳥の復元事業については，地域の景観パターンを考慮する必要がある．また，移動性の動物にとっては，生息地のパッチ間距離よりも生息地が存続している時間の方が重要となることもある．例えば，旱魃は多くの種にとって利用可能な餌資源を短期間のうちに減少させる．しかし，周期的な旱魃はある種にとって好ましくない植生に遷移するのを抑える働きを持つ．自然復元に求められる戦略とは，生息地パッチ間のリンクを確保することと，全てのパッチが同時に不適地とならないようにすることである（George and Zack 2001）．自然復元事業地周辺もまた，自然復元の成否に影響を与える．例えば，人為的な改変が見られる地域に囲まれた場所に営巣する鳥類は，自然地域に隣接した

7.1 場所の選定

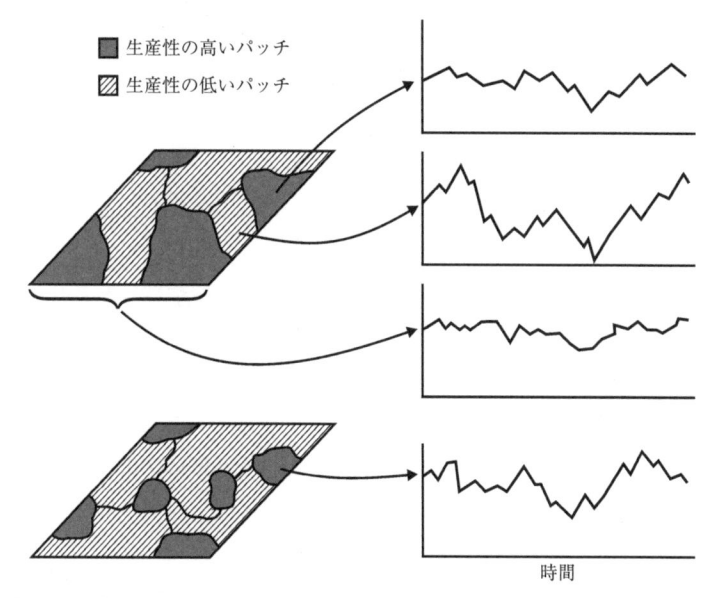

図 7.2 景観モザイクにおけるパッチごとの個体群（あるいはメタ個体群）動態の模式図.
(J. A. Wiens, The Ecology of Bird Communities, Vol.2 : Processes and Variations, Figure 4.12. Page 174. Copyright 1989. Reprinted with permission of Cambridge University Press.)

パッチに営巣する鳥類よりも，高い確率で営巣場所で捕食されている（George and Zack 2001）．

Pressey and Cowling（2001）は保全計画における5つのステップを挙げている．

- 計画地域における保全活動の目標を明らかにすること．この目標が主観的になるのはやむをえないが，特定の自然復元事業とその他の管理活動に整合性を持たせられるように，景観レベルの目標設定をすることが必要である．それは，対象地域の最小面積，他の復元された地域からの距離，位置，そしてコリドーのタイプなどである．
- 現在の保護区の状況をよく理解すること．必要と考えられるもの（次のステップ）とすでにあるものをよく関係づける．
- 追加すべき保全地域を選定しておくこと．保全目標を達成するために追加すべき地域と，その配置を（様々な保護区の設計手順に照らし合わせて）リストアップしておく必要がある．
- 保全活動の実行．保全目標を達成するために必要とされる手続き（自然復元，買い取り，土地利用の改変）に力を注ぐことである．
- 保全地域に期待されている価値を維持すること．このステップには目標達成を確実にするための保全地域の維持管理とモニタリングが含まれる．

分断化や土地利用の変化によって，地域的な景観のモザイクパターンが変化した場合，生息地パッチの動態もまた変化するだろう．そして，あるパッチは高い生産性を持つため（ソース）動物の数が増加し，その増分は生産性の低いパッチ（シンク）に移動していくだろう．図 7.2（Wiens 1989 : fig. 4.12）に示されているように，ソースに分布する個体群は，地域的な絶滅が起こる可能性のあるシンクに分布するものより個体数変動が小さい．独立した動態を維持している各パッチを統合した地域的スケールでみれば，個体群（あるいはメタ個体群）はより安定しているかもしれな

い．復元事業者にとって，景観スケールにおける個体群動態を明らかにすることは，生息地の改善（たとえばシンクをソースに転換するなど）を優先すべき場所を明らかにすることにつながる．

7.2 コリドー

　一般的に，準個体群間の交流が可能な場合，個体群の存続可能性は高まると考えられている（第1章のメタ個体群に関する議論を思い出してほしい）．どの空間的スケールをとっても，生息地の配置は不均一である．また大型の哺乳類にとって一様にみえる生息地も，両生類の空間的スケールから見れば相当不均一である可能性もある．より大きな空間スケールをとることは可能であるが，そこでは広い分布域を持つ大型哺乳類にとってさえ，景観レベルでみると生息地構造は不均一になる．ある生物が生存できるか否かを，パッチ間の移動の可否が決定することはよくあることである．それはより大きなスケールでも同様である（図7.3）．

　Beier and Noss（1998）の指摘によれば，近年まで多くの種は分断されていない連続した景観の中に生息していた．しかし，都市化・農地開発・道路建設などの人間による影響がそれを分断してきた．したがって，多くの保全生物学者は，景観パッチを結び付けるコリドーの保全や増設を主張し続けてきたのである．さらにいえば，準個体群間の分散のための通り道を維持することは，地域個体群の遺伝的多様性を保全する上で考慮すべき重要な事項である（Mech and Hallett 2001）．

　コリドーの意義は直観的にわかりやすかったので，保全計画や景観デザインにおけるその有用性が幅広く推奨されることとなった．個体群の存続可能性を高めるための保護区設計の標準的な例を図7.4に示した．保護区の中心部分（コア）からコリドーが伸びているのに注目していただきたい．この基本的なコリドーは，あらゆる大きさの動物種が移動できるように設計されている．第一に，核心地域（あるいはパッチ）に生息できるものの，狭いコリドーの中には収まりきらない行動圏を持つ中・大型哺乳類にとっては，移動ルートとしての役割を持っている．第二に，小型哺乳類や小・中型鳥類にとっては，繁殖機会は得られないかもしれないが，ある程度の生息地となりうる核心地域の拡張という意味もある．

　しかし，コリドーの問題点についても，これまで数多くの議論がなされてきた．Hess（1994）の観察によれば，コリドーは疾病の伝播を促進することにより，時としてメタ個体群の絶滅の機会を増大させるかもしれない．したがって，すべての保護区ネットワークの計画段階において，疾病やその他有害な要素（例えば寄生虫など）の可能

図7.3　カリフォルニア南部の海岸区域．河岸，河口，海岸地域に見られる低木植生の環境が，海洋から丘陵地帯，山地帯へと伸びる野生動物のコリドーを形成するためにリンクされている．（写真提供：Zoological Society of San Diego）

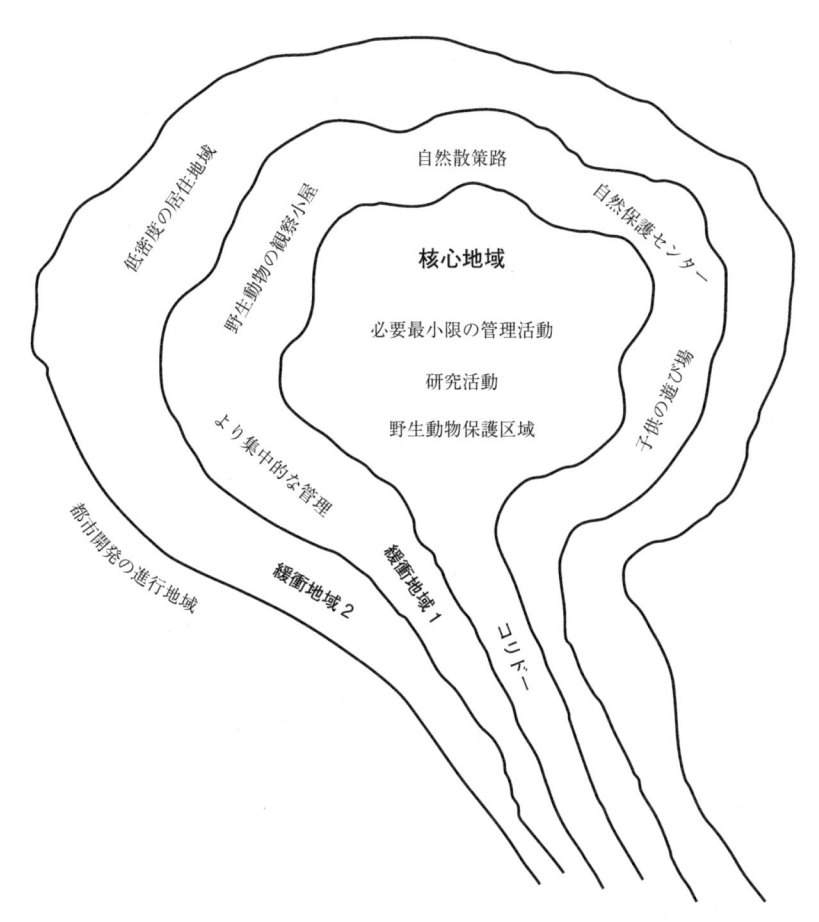

図7.4 都市部の野生動物保護区の典型的なデザイン.

性を考慮する必要がある．疾病を抑制するための戦略は，保護区同士のリンクが設定される前の段階で実施されなければならない．流行病に対処するための対応策としては，予防接種や感染個体の移動の抑制，コリドーによるリンクの一時的な断絶などが含まれる．

Simberloff and Cox (1987) と Simberloff et al. (1992) はコリドーの価値を疑っている．彼らは保全事業の一環として無批判にコリドーを採用できるほど，普遍的なものではないと指摘している．疾病だけでなく，コリドーは火事やその他の大災害の拡大を助長し，捕食者や家畜，密猟者の侵入を容易にすることもある．さらに，コリドーの設定にはコストがかかるため，そのコストを保護区設定の別の用途に使用した方がよい場合があることがその理由である．Simberloff と彼の共同研究者は，生物と環境の関係は時間と空間によって異なるので，計画に上がったコリドーについてそのメリットを個別に評価することを推奨している．

Simberloff et al. (1992) は，コリドーに代わるいくつかの代替案を紹介している．彼らは，それぞれの保護区を独立したユニットとして管理するよりも，むしろ，総体的に景観レベルで管理することによって，コリドーの必要性を減らすことができると指摘している（例えば核心地域周辺に異なる遷移段階にある植生パッチを維持することによって，直線的なコリドーがなくても移動することが可能となる）．もう1つの選択肢は，保護区がコリドーによって直接的にリンクされていなくても，動物がパッチ間を移動できるくらい十分に近接した，飛石的な保護区を創出することであ

る.

Beier and Noss(1998)は,コリドーを特定の野生動物個体群を対象とするものとした(Simberloff and Cox 1987 も参照).彼らは,コリドーは対象としている特定の種と景観に関してのみ意味を持つと指摘している.この結論は,生息地とはそれぞれの種ごとに定義されることからも,おのずと導き出されるものである.このような観点からみれば,コリドーとは,異なる生息地の集合の中にはめ込まれており,2つ以上の生息地パッチをリンクする,直線的な生息地であるといえる.動物の「移動」とは,ある生息地パッチからコリドーを経て別のパッチへと移ることとして定義付けられている.BeierとNossは,多くの種を支えるけれども,大きな生息地パッチをリンクしていない直線的な生息地は,コリドーから明確に除外している(例えば農地にみられる狭くて細長い水路脇の林).彼らの理論は理解できるが,様々な空間スケールで異なるパッチの性質がみられることを忘れているように思える.これまでみてきたように,行動圏は小さいが分散距離が長い個体は,林床レベルのパッチ構造を認識しているかもしれない.つまり,土壌湿度あるいは地被植物のカバーが変化することによって,その動物にとっては景観レベルのパッチが変わってしまうことになるかもしれない.コリドーの設計は,研究の総合的な目標と対象動物によって,様々な空間スケールを視野に入れた設計が要求される.Diefenbach et al. (1993) は,復元事業者は動物が遭遇する可能性のある環境のすべての側面について研究する必要があると指摘している.

7.2.1 経験に基づく証拠

理論的にはコリドーが個体群の存続能力を高めることは理解しつつも,「動物は本当にコリドーを利用しているのか」という根本的な疑問を持つかもしれない.また,コリドーの利用が確認されたとしても,それが個体群の存続能力に十分に貢献しているかどうかを評価する必要がある.遺伝的多様性の維持と地域的な種の絶滅を避けるために,生息地パッチ間の移動の頻度を評価する必要がある.ところが,たいていの事業では,そのような情報を収集する手段を持っていない.離れた生息地パッチにいる複数の個体群を扱うモデル(すなわち空間モデル)を設計するのはほぼ不可能に近いことを示す研究もある.それにもかかわらず,様々な野生動物種に関して,そのようなパラメータが提案されている.それらが利用できる場合もあるだろう.性齢構成,なわばりの占有率,増加率などは,個体群の存続確率や繁殖能力の指数として有効だろう (Morrison et al. 1998).

さらに,野生動物がコリドーを,その周辺地域よりもよく利用しているかどうかを調べなければならない.人間が設置したコリドーの移動のみ評価しても,他の場所の移動状況を検証しなければ,その種にとってコリドーが重要であるとはいえない.例えば,Beier and Noss (1998) は,多くのコリドーに関する研究に誤りがあることを指摘した.彼らは,移動経路としてのコリドーの有用性を評価するために,1980年から1997年までの文献を調べた.そして,測定対象となったパラメータのタイプ(個体群パラメータ,個々の動物の移動,想定されているコリドーの弊害)と,実際の観察の有無によって研究を分類した.そしてこれらの多くは,研究計画に問題があることが明らかとなった.コリドーの有効性を検討できる研究は12例しかなかった.BeierとNossは,これらの研究のうち10例において,コリドーが個体群の存続能力を改善しているという説得力のある証拠がみられると結論付けた.彼らはまた,野生動物がコリドーを利用していることを観察によって明らかにした研究が多くあることを述べている.

保護区設計においてコリドー内およびコリドー

間の野生動物の移動を定量化することが重要である．しかし移動の一形態である分散の研究はほとんど行われていない．Van Vuren (1998) によると，行動生態学者が分散に関する研究を始めたのは1970年代半ばからのことである．大部分の研究は，個体数の調節や遺伝学的視点から分散の役割に着目してきた．しかし，分散とは基本的に個々の動物の特性であり，個体の適応度と大きな関係がある．分散を個体群レベルの現象としてのみ捉えようとすると，個体の行動の傾向を見誤ってしまう．

たいていの場合，分散は現在の行動圏からの一方向的な移動と定義付けられる．幼獣あるいは若齢の成獣にみられ，脊椎動物の場合はオスに偏っている．分散によって新しい場所に到達する動物はどちらか一方の性に限定されることが多い．この性質は保護区の設計と自然復元において充分に考慮する必要がある（Van Vuren 1998）．分散している動物が定住場所を決める要因は複雑であるが，これに関する研究は，通常論理的かつ経験的にどのような場所が定住に適しているかをテーマにする．生息地には植生だけでなく，他に必要な固有の資源も存在していなければならないということを思い出そう．メスとめぐり合う可能性のような要因もまた重要である．そのような要因がなければ，分散した動物は復元事業者が望んだ地域に定住することはないだろう．

分散する方向は地形の影響を受ける可能性がある．広域に分布する種にとって，渓谷，湖沼，河川は移動の方向に影響を与えるだろう．分布域が狭く，それが保護区内に収まるような動物は，土壌湿度や地被植物のカバーの分布などの要因に影響される可能性がある．それぞれの種ごとに分散の障害物や分散の方向性を検討しなければならない．事実，分散の障害物になると思われていた場所を通って分散する動物がいることが知られている．例えば，トガリネズミ（Sorex）と各種の小型のネズミ（Peromyscus spp.）は，凍結した湖を600m以上も移動することが報告されている．Van Vuren（1998：表14-1）は，哺乳類の分散距離と体重の間には強い正の相関があることを発見した．ネズミ目，ウサギ目，小型肉食動物の移動距離の中央値は，少なくとも100m～1.5kmまでの範囲で変動し，多くの中型肉食動物では2～10km，より大型の哺乳類では10～65kmになる．

分散中の動物の生存率はほとんど知られていないが，移動距離が伸びるほど捕食されやすくなることが示唆されている．未知の土地を通る際には死亡数も高くなるだろう．Van Vuren（1998）が結論付けているように，種の分散を十分に考慮し計画された保護区システムであっても，分散中にほとんどが死亡してしまえば，その保護区デザインは失敗である．

7.2.2 事例研究

Haas (1995) は，ノースダコタ州の河岸林と農地の防風林間に生息する3種の渡り鳥についてコリドーの効果を調べた．林地間の移動は通常あまりみられないが，樹木に被われたコリドーによって連結された生息地では，そうでない生息地に比べ，頻繁に移動が起こることを見出した．彼は，パッチ状の環境下のヒナ鳥の巣立ち，出生，鳥類の繁殖分散に関する知識は，保護区とコリドーのデザインをする際に重要であると結論付けている．

前述したように，個体群の存続可能性を高めるためにコリドーを利用することには問題となる側面もある（疾病伝播の可能性や個体群トラップ［下記の事例がこれにあたる］の存在）．オーストラリアにおいてDownes et al. (1997) は，外来のクマネズミ（Rattus rattus）がコリドーに高密度で生息しており，在来のモリネズミ（R. fuscipes）の移動を阻んでいる可能性があることを発見し

た．コリドーの負の影響を扱うそのほかの研究もあるが（Bennett 1990；Seabrook and Dettmann 1996；Stoner 1996），どれも有力な証拠を示せていない（Beier and Noss 1998）．しかし，外来の捕食者（イエネコやノネコ，イヌ，ネズミなど）が，都市にあるコリドーを利用する動物に対して，強い影響を与えることは充分に考えられる．

狭いコリドーでは，コウウチョウ（全長20 cm程度のムクドリモドキ科の鳥）のような托卵性の鳥類を誘引する可能性がある．Robinson et al.（1995）が示したように，コリドー全域がエッジの性質を持つので，コウウチョウの個体数と托卵率はコリドー内部で高くなる．さらに，河岸地域のコリドーでは，コウウチョウをより一層誘引する仮親*の密度が高い可能性もある．このような地域の多くは移動経路としてのコリドーというより，孤立した狭い生息地として捉えたほうがよいとの指摘もある（Beier and Noss 1998）．しかし，どちらであろうと，営巣しようと集まってくる鳥類の繁殖成功率の低下を招く恐れがある．これは複雑な問題である．結局，読者は「これらのコリドーがなかったら，鳥類はいったいどこに営巣しただろうか」と疑問に思うかもしれない．Simberloff et al.（1992）が指摘しているように，小さな生息地を連結させることに腐心するよりも，より大きな生息地を設置することに保全活動を集中させる方がよいのかもしれない．

細長い河畔林は，様々な有害な捕食者を多数誘引している可能性があると考える生物学者もいる．Vander Haegen and DeGraaf（1996）は，地上や低木に造られる巣において，人の手が入っていない森林よりも，周辺が皆伐された細長い河畔林の方が，高い確率で捕食されていることを発見した．捕食率は河川の本流と支流の間に違いはなかった．また捕食者は森林棲の6種類の動物であり，採餌とおそらく移動のためにその地域を利用していた．著者らは，エッジ効果によってひきつけられた捕食者による死亡率の増加を減らすために，特に伐採されていない森林が河岸沿いに成立しているような場合には，その幅を少なくとも150 mにすることを推奨している．

コリドーには，砂漠の止まり木のように，ほぼ直線的に景観を横切るようなものもある．Knight and Kawashima（1993）は，カリフォルニア州のモハーヴェ砂漠において，高速道路と送電線沿いの区域は，対照地域（3.2 km以内に高速道路も送電線も存在しない地域に設定）に比べワタリガラス（*Corvus corax*）の密度がより高いこと，本種の巣が送電線沿いに多いことを指摘した．ワタリガラスは交通事故死した動物の死肉があるために，高速道路に誘引されている可能性がある．アカオノスリ（*Buteo jamaicensis*）とその巣もまた，高速道路や対照地域よりも送電線沿いの方が多かった．直線的な送電線の敷設を行う際には，その事業が脊椎動物個体群や種間関係に与える影響を評価すべきである．

他の形態のコリドーとしては送電線建設用の伐採地がある．そこは森林や林冠が切り開かれて，イネ科草本，双子葉草本，あるいは低木植生が繁茂しており，他の資源パッチを分断するような形で直線的な林縁を形成している．例えば，メリーランド州のカシ-クルミ林の中に伐採によって生じたコリドーには，草原性の鳥類ではなく，草原と低木のような複数の植生タイプを好む鳥類が優占していたことが明らかにされている（Chasko and Gates 1982）．彼らはまた，草本からなるコリドー内に存在する数少ない孤立した低木パッチでは，巣の密度と巣立ち成功率が高くなることを報告している．捕食者は，そのような低木パッチに造られた巣を襲うことができないのかもしれない．以上のことから，送電線用の伐採地に形成されるコリドーでは，巣の密度と混成的な生息地を

（訳注）仮親： 托卵される別種の親鳥

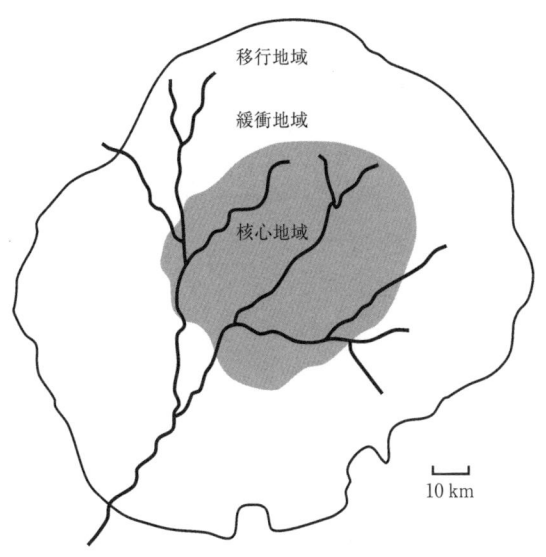

図7.5 保護区ゾーニングシステムの概略図．核心地域，緩衝地域，移行地域の配置を示している．それぞれのゾーンの人間活動は，そのゾーンの目標と合致していなければならず，特に核心地域は保護されなければならない．
(G. K. Meffe and C. R. Carroll, *Principles of Conservation Biology*, Figure 10.24. Copyright 1997, Sinauer Associates)

好む鳥類の繁殖率を増加させるために，様々なタイプの植生を配置すべきである．

コリドーによる生息地間のリンクは，大型哺乳類の管理においても提案されてきた．シカ用のコリドーを設置する際の植林規定は，かなり以前から普及している（Wallmo 1969）．Beier（1993）のクーガー（ピューマ）の生息地に関するシミュレーションは，最小生息地面積とコリドー利用を考慮したものとなっている．それによると，10年間でおよそ1～4頭の個体の移入があり，最低でも $2,200\,km^2$ 程度の生息地があれば，クーガーの絶滅確率を低く抑えることができると結論付けた．Lindenmayer and Nix（1993）がオーストラリア南東部で行った樹上性有袋類に関する研究では，野生動物の生息地コリドーをデザインする際は，その種に適した生息環境，行動圏サイズ，最低限必要なコリドーの情報だけでは不十分であると指摘している．その場所の状況，生息地パッチ間のリンク，対象種の社会構造，食性，採食行動についての情報の必要性を示唆している．

しかし，孤立した生息地やコリドー，生息地間のリンクは定常的でない．多くの生態系では，これらは規則的に変化し，ランダムに撹乱されており，長期にわたる保全活動は困難である．Morrison et al.（1998：chap.9）は景観レベルでの生息地の動態をより詳細に議論している．

7.2.3 研究の必要性

Beier and Noss（1998）は，コリドーの価値を明らかにするために必要な研究課題を2つ挙げている（しかし，その際にコリドーの価値は種ごとに評価されるべきであることを忘れてはいけない）．第一に，たとえ反復不可能な実験になるとしても，景観とそこに設定するコリドーの性質に対応して，個体群パラメータがどのように変動するかについて検証すること．第二に，分断された生息地にコリドーを設置した場合，分散する動物の移動を観察することで，コリドーとその他の周辺地域の利用状況とを比較することである（これにより，コリドーの保全価値を証明できるだろう）．このことは，景観と動物の移動状況，さらに個体群構造に着目して自然復元事業を分析することの重要性を改めて示唆している（Marzluff and Ewing 2001 も参照）．

7.3 緩衝地域

Meffe and Carroll (1997) が指摘しているように，人間活動を自然復元事業の目的と調和のとれたものにするには，保護区周辺の土地利用のゾーニングは有効である．保護区に設定される典型的な緩衝地域は，図7.5のようなものである．緩衝地域で行われる人間活動は，核心地域に対する影響を最小限にするように規制されなければならない．例えば，移行地域において樹木の伐採が許可されている場合には，緩衝地域で行うことができる活動はキャンプ程度である．また，移行地域では狩猟が許可されても，緩衝地域と核心地域では許可されるべきではないだろう．もちろん，緩衝地域を設置するよりは核心地域を移行地域の端まで広げるべきであること，換言すればより大きな核心地域を確保すべきであることはいうまでもない．これは正論ではあるが，政治的な配慮や，現存の核心地域の制約から，それを実行するのは困難である．しかし，緩衝地域は隣接した保護区と連結するために直線的に伸ばすことも可能で，移動経路としてコリドーの役割を担うこともできる．

7.4 生息地の孤立化

生息地の孤立化による重要な問題の1つは，種の多様性の低下である．小規模な個体群では，孤立化は有害な対立遺伝子の固定，ホモ接合性*の増加，遺伝的浮動による遺伝子プールの多様性の低下といった負の影響が生じる可能性がある．出生率と繁殖力の低下，出生時の死亡率の増加，生殖可能な年齢の短縮が起こる近交弱勢は，小さなサイズの個体群に現れる特徴の1つである．また小規模な移入個体群では異系交配が行われなくなるので，遺伝的，表現型の多様性が失われ，創始者効果*が発現する．

群集レベルでは，孤立化によって種数が減少する可能性がある．野生動物が孤立した環境から消滅していく場合，これを動物相の減衰と呼ぶ．この現象は，陸橋の水没によって大陸から隔離された外洋性の島嶼，焼き畑農業や皆伐林業によって孤立した森林パッチ，人間による開発によって孤立したパッチにおいて報告されてきた．例えば，カリフォルニア州南部の分断された低木植生における在来植物の植被率は，時間とともに低下した（図7.6）．隔離された地域のエッジは外来植物や人間が出す廃棄物などに侵食され，それとともにその地域内では植生の量と質，そこに生息する多くの種の生息環境が減少している．そして，種の地域的絶滅，種の移出入や定着が起こり，動物相はある平衡点に達する．そのような劣化した隔離地域において増加する種は，外来種である場合が多い（イエネズミ，ヨーロッパムクドリ，様々な植物種など）．

保護区や自然公園の孤立化は，減衰効果による在来の野生動物の減少要因であると生物学者は考えてきた．国立公園のような保護区の法的な境界と生態学的に意味のある境界は必ずしも一致しない場合がある．したがって，保護区に隣接した地

(訳注) **ホモ接合性**： 同じ2つの対立遺伝子が接合すること
　　　創始者効果： 遺伝子の多様度や遺伝形質の出現頻度が初期の移入個体数に依存すること．初期の移入個体数が少ない場合，通常よりも高頻度で劣勢遺伝形質が発現することがある

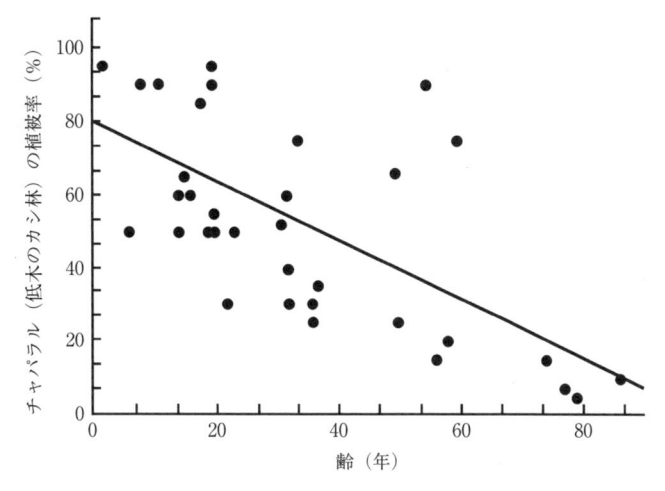

図 7.6 カリフォルニア州サンディエゴ郡の孤立した残存生息地における在来植生の植被率の変化.
(M. E. Soulé et al., "The Effects of Habitat Fragmentation on Chaparral Plants and Vertebrates", Figure 3. *Oikos* **63**: 39-47. Copyright 1992)

域の環境や個体群の現状について調べることも必要である. Newmark (1986) は北アメリカ西部にある国立公園において, 哺乳類個体群の絶滅確率を分析し, それは移入定着率を上回っていると結論付けた (特に小面積の生息地において). また彼は, 絶滅確率が増大する主要因として, 初期の個体群サイズが小さい場合と, 成熟齢が低い場合 (個体群の世代時間の短さと成熟齢の低さには強い相関が見られる) の2つを挙げた.

　動物相の減衰過程では, 景観パッチから他の種と競争関係を持つ希少種が遅れて消失していくこともある. 環境の孤立化や改変に続いて, 希少種の消失がしばらく経ってから起こり, 最終的に種数の少ない状態で安定する (動物相の減衰). Loehle and Li (1996) はこの現象を絶滅の負債とし, 保全計画や保護区設計において十分に考慮すべきと考えている. 大陸で起こる環境の孤立化によって, その環境を好む古代生物の生存が可能になり, 遺存動物相の進化に寄与する. そして遺存種は避難地域 (レフュジア) において生存し, いくつかの分類群に属していくと考えられる. Welsh (1990) は, 2種のサンショウウオ (デルノルテ サンショウウオ *Plethodon elongatus*, オリンピックサンショウウオ *Rhyocotriton olympicus*) とオガエル (*Ascaphus truei*: 尾を持ち完全な水中生活をする原始的なカエル) は太平洋北西部の針葉樹の原生林に依存する古生態学的な遺存種であることを報告している. Marcot et al. (1998) は, アメリカ西部の内陸部における現存の動物相と第三紀の動物の化石を比較し, 第三期の7属 (現存する32種が含まれる) と20科 (現存する55属が含まれる) の生物が残存していることを報告している. しかし, Welsh (1990) によるサンショウウオの遺存種の報告とは異なり, そこでは自生の草原地帯, 低木地帯, 森林を含む多様な環境条件に生息している.

　管理指標あるいは生態学的指標として遺存動物相を利用することは多いが, 注意が必要である. なぜならば, 遺存種はわずかな隔離された場所に生息する傾向があるので, それらは必ずしも地域の状態, あるいは気候の極相状態を示しているとは限らないからである. また遺存種がかつての環境の遺物である限りは, その分布は必ずしも現在の状況への適合性を反映していない. したがっ

て，地域個体群やその場所の古生態学史を知らずに，遺存種の現在の生息地利用状況から，必要な生息地や景観を決定することには細心の注意が必要となる．それでもなお，植物や動物の遺存種は科学的な関心を持たれることが多く，特別に考慮する価値も持っている（Millar and Libby 1991）．この点については第3章も参照されたい．

7.5 生息地の分断化

観察する空間的スケールによって，生息地の分断化が見られたり，見られなかったりする．動物の環境選択をどう調べるかによって，生息地の分断の有無が検討できるようになる．生息地の選択性には階層がある（第2章参照）．まず，それぞれの個体はほぼ先天的に決まっている地理的分布域を持つ．次に，その地理的分布域内において，植生構造，植物相，食物資源，営巣場所などの要素の組み合わせがより適している場所を選ぶ（Johnson 1980；Hutto 1985）．したがって，動物の反応を適切な階層の中で捉えていなければ，分断化を正しく捉えることはできない．環境の変化は様々なスケールで起こる（Angelstam 1996を参照）．例えば，大きな意味での分断化は景観レベルでみられ，異なる植物群集による分断化は植生タイプの中でみられ，生息地の質の改変は小さな地域の中でみられる．

分断化が動物に及ぼす影響を評価する際には，数多くの要素を考慮する必要がある．それは，①移動経路の距離の増加，②生息地の消失，③エッジの増加と面積の減少，④捕食者，競合種，托卵性の動物種の侵入，⑤微気候の変化などである．①は大きなスケールでの現象であり，②，③，④は中規模な，⑤には微細・中規模な事象として捉えることができる．Bolger et al.（1997）は，カリフォルニア州南部の宅地景観において，残存していた低木層の鳥類群集に関する研究を行った．生息地の大きさに対して，6種については負の反応を示し，4種は正の反応を示したが，10種については反応がみられなかった．またイリノイ州の草原地帯では，5種が面積に対して負の反応を示し，3種はエッジに対して正の反応を示し，6種については特定の植生配置に影響を受けていたものの，面積との関係がみられなかった（Herkert 1994）．北アメリカにおける研究を総括した上でFreemark et al.（1995）は，ある特定の景観に見られる生物には，面積に対して負の反応，正の反応を示すもの，そして無反応であるものがいると結論付けた．また彼らは，10 ha未満の地域は多くの種にとって不適当であるが，50〜60 haになるとその地域に生息する面積の変化に敏感な種の半数までもが生息していることを明らかにした．面積の変化に敏感な種がいるところでは，パッチサイズは100〜300 haになる場合が多い．しかし周辺地域の30％以上が森林であった場合，分断化の影響は弱くなる．同様に相互に連結した植生を持つパッチでは，面積の変化に敏感な種はほとんどいないことが明らかにされている．

景観の分断化に対する野生動物の反応は次の多くの要素によって変化し，これらの要素は相互に関係している．

●景観の状況
●森林カバー
●メタ個体群の構造と再定着
●森林タイプ
●パッチサイズ
●パッチの形
●パッチ間の距離

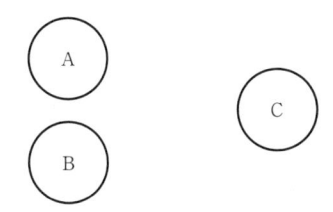

図7.7 パッチA・B・Cは同面積の生息地を表す．これらのパッチの内どれか1つを除去しても，同等のパッチ面積，内部面積，周長／面積率を持つ景観を残すことになる．面積や周長／面積率に基づいた分断指標では，AとBの景観が，AとCあるいはBとCの景観に比べて，孤立していないことを明らかにすることはできない．
(C. Davidson, "Issues in Measuring Landscape Fragmentation", Figure 1. *Wildlife Society Bulletin* **26**：32-37. Copyright 1998)

●エッジの長さと構成
●種に関する自然史
●パッチの構成と生息地の割合
●植生構造
●捕食者の数と構成
●寄生者の数と構成
●競合種の数と構成
●微気候

　野生動物の生息地復元事業を計画する際，これらの要素をどのように評価できるだろうか．これらのほとんどを個別に評価することはできるが，どれをとっても1つだけでは生息地の形状や分断についてのすべての側面を捉えることはできない．例えば，パッチサイズや形状，エッジの長さ，森林タイプについては，孤立した状態を考慮していない．これらを調べても，同じ面積と形状を持つパッチが，孤立している場合と近接している場合で，減衰効果の違いを区別できない（図7.7）．
　Marzluff and Ewing (2001) は，単なる形状や構造ではない生態学的な機能が働くように，短・長期的な計画を組み合わせることによって，分断された景観においても在来の鳥類を維持することができると主張している．

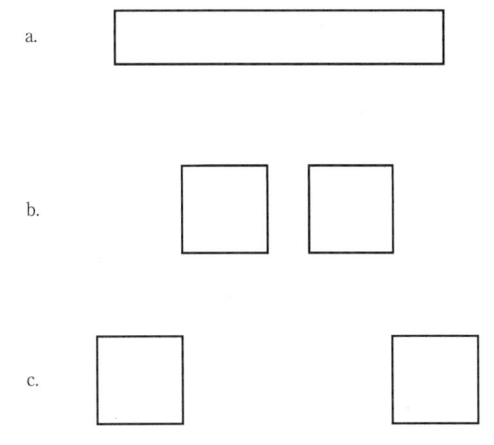

図7.8 長方形（a）と2つの正方形（bとc）は総面積および総周長が同じである．これらの地域のエッジの奥行きが120 mより大きいと仮定した場合，Mount Hood 分断指標は，3つの景観すべてに対し同じ評価を下すだろう．したがって，周長／面積率もまた3つの景観を差別化することができない．注：図中の面積は正確な縮尺によって描かれてはいない．
(C. Davidson, "Issues in Measuring Landscape Fragmentation", Figure 3. *Wildlife Society Bulletin* **26**：32-37. Copyright 1998)

●分断地において在来植生と枯死木を維持すること
●単に分断地を管理するだけでなく，分断地周辺の景観（景観マトリクス）も管理すること
●本来の分断地により類似した景観マトリクスを作ること
●景観マトリクスからの有害な種の侵入を減らす緩衝地域を計画すること
●分断地ではわずか数種しか保全できないことを認識すること
●動物の適応性を評価するモニタリング計画を作ること

　それぞれの種が受ける分断化の影響は異なっている．大きな行動圏を持った移動性のある種にとっては，おそらく生息地の総面積の方が内部の細かい状況よりも重要であるだろう．対照的に，小さな行動圏を持った移動性の小さな動物の存続

可能性は，パッチの孤立化に影響を受けそうである．Davidson（1998）は，分断化問題を研究と計画に組み込むために，いくつかのガイドラインを提案している．

● 空間的スケール（広がりと性質）の選択は自然復元事業の実施に大きな影響を与える．分析に最適な空間スケールなど存在しない．あるスケールで分断化を最小化しても，別のスケールでは分断化が進んでしまうこともある．

● パッチをどのように分類するかによって結果が異なる．例えば，森林の分断化を評価する際，カシ林をアオガシ林と海岸性のカシ林に分類して評価する場合と，それらのカシ林を同種として一括りで評価する場合とでは，結果が異なる．

● 周長／面積率は，分断化の評価基準として用いるべきではない．これらの比率は予測不能な変化をし，孤立化のような分断化の重要な側面を捉えることができない（図7.8）．

● 最適な評価基準を選ぼうとしたり，複数の測定値をまとめて1つの指標として使ったりするよりも，様々な側面を個別に評価する方がよい．

7.6 孤立と分断化は常に悪いものなのか？

環境と個体群の孤立が常に悪いわけではない．事実，孤立が保全にとって有利となる場合もある．その1つは，孤立によって病気の伝播を抑えられることである（Hess 1994）．寄生者や病原体の拡散についても同様のことが言える．もう1つの利点は，異なった撹乱パターンとそれによって異なった定着率を持つ複数の創始個体群が存続できることである．メタ個体群の中心部分で深刻な被害を引き起こす可能性のある環境撹乱が発生しない場合，個体群が遺伝的問題を回避できるだけ十分に大きい場合，あるいは個体群間で遺伝子交流（異系交配）がある場合，メタ個体群の存続可能性を高めることができる．気候や植生，地形の変動によって自然に孤立した遺存動物相を維持できることも，孤立の利点として挙げられるだろう．

多くの場合，その場所で進化してきた動物相は，外来種，特に導入された捕食者や競合種に対して無防備である．分布のエッジに生息している種は，中心部から離れて定着したため，あるいは避難地域（レフュジア）に残存したために，孤立した非常に特殊な環境に生息している可能性がある．エッジの環境は，その種の長期的な分散にとって重要であり，特有の形態の発達，亜種，新種の発生，つまりは群集の進化に貢献しているかもしれない．現状を維持したり，人間活動によって引き起こされる孤立の問題点を改善するための管理を実施したりするためには，その原因の分析だけでなく，孤立を空間的，時間的スケールで研究することが重要である．

景観における環境の分断化も常に有害なものではない．ほぼすべての環境と種特有の生息地は，ある階層においては分断化されていることを思い出してほしい．動物が必要とする種子と果実，葉，節足動物が季節的に出現することを考えればわかるように，多くの環境や資源は時間的には分断化されていて当然なのである．状況によっては，環境や資源の分断化は，新しい形態や生活型の進化を導く可能性がある．孤立の場合と同様に，適切な管理を行うためには，環境の分断化の原因と効果を明らかにすることが重要である．

では人間活動によって引き起こされる生息地の孤立化や分断化に対して何をすればよいのだろうか．最も単純な答えは，コリドーの設置や環境や資源を分散させることによって生息地のリンクを提供すること，そして将来的には生息地を1つに

まとめることである．これらは包括的な解決策ではあるものの，すべての保全事業の目的に合致するわけではなく，土地利用や土地所有権のあり方によっては適当でない．

7.7 残存パッチの価値

　孤立化や分断化に潜在的に有害な影響があるからといって，自然環境における残存パッチが何の保全価値も持たないわけではない．残存パッチとは，そのすべてが景観，流域，あるいは地域に残されたものである．それらは，より原生的な生物相や生態系を復元するために，我々に残された唯一の手掛かりであり，資源であるかもしれない．したがって，景観レベルからみた場合や管理の視点によっては，残存パッチは広大な自然地域よりも，単位面積あたりの保全価値が極めて高い可能性がある．

　残存している原生林は，脊椎動物のみならず菌類，地衣類，コケ類，維管束植物，無脊椎動物など，そのような環境と密接に結びついてきた種にとって最後の砦であろう．小さな孤立した残存地域を保護することは価値のあることである．そのような保全施策は，管理する面積はわずかなものでも，もたらされる恩恵は多大であるため，特に効果的である．小さな残存地域は，広大な分布域を持つ肉食動物のような中・大型動物の生活史において必要としているもののすべては満たしていない．しかし，在来の生態系機能と土壌生産性にきわめて重要な役割を持つ多くの植物の珠芽（むかご）や接種源，小動物の貴重な資源プールとなっている（Amaranthus et al. 1994）．そして残存した森林は，少なくとも在来の脊椎動物が利用する資源のうちの一部を供給する．小規模に残存している在来植生であっても，景観レベルの環境指標として，あるいは豊かな植物相や動物相の多様性を持つ地域としての価値を維持している．

　在来環境が残存したパッチは，植物や動物が必要とする資源を保全すること，また広く分布する種にとって飛石的に生息地を連結させることによって，極めて重要なサービスを提供している．さらに，在来環境の残存地域は，価値のある植物，医薬，食物資源を供給することによって，純粋に実用的かつ人間中心的なニーズを満たしている（Schelhas 1995）．残存地域から，自然の復元・管理にとって貴重な知識を獲得することができる．

ま　と　め

　保全生物学者は相当な時間と努力を費やして，種の存続可能性を高めるためのアイデアを検討してきた．しかし，そのようなアイデアは直観的には理解できるものの，実証されているわけではない．それは小さな保護区でさえ再現が困難であること，また環境要因の相互作用は数多く存在していることによる．

　したがって，生態学的・保全学的アイデアを実行する自然復元事業は，実験的な側面を持つ．事業が適切に設計されていれば（第4章参照），そこから重要な知識を得ることができる．事業の成否に関わらずその結果を公表することは，野生動物の生息地復元において極めて重要であるのはこのためである．

謝　辞

　本章の執筆に際し，バークレーとリバーサイドにあるカリフォルニア州立大学の Thomas Scott 氏のご

協力を賜った.

引用文献

Amaranthus, M., J. Trappe, L. Bednar, and D. Arthur. 1994. Hypogeous fungal production in mature Douglas-fir forest fragments and surrounding plantations and its relation to coarse woody debris and animal mycophagy. *Canadian Journal of Forest Research* 24 : 2157-2165.

Angelstam, P. 1996. The ghost of forest past—natural disturbance regimes as a basis for reconstruction of biologically diverse forests in Europe. Pages 287-337 in R. M. DeGraaf and R. I. Miller (eds.), *Conservation of Faunal Diversity in Forested Landscapes*. Chapmam & Hall.

Angermeier, P. L., and J. R. Karr. 1994. Biological integrity versus biological diversity as policy directives. *BioScience* 44 : 690-697.

Austin, M. P., and C. R. Margules. 1986. Assessing representativeness. Pages 46-67 in M. B. Usher (ed.), *Wildlife Conservation Evaluation*. Chapman & Hall.

Beier, P. 1993. Determining minimum habitat areas and habitat corridors for cougars. *Conservation Biology* 7 : 94-108.

Beier, P., and R. F. Noss. 1998. Do habitat corridors provide connectivity ? *Conservation Biology* 12 : 1241-1252.

Bennett, A. F. 1990. Habitat corridors and the conservation of small mammals in a fragmented forest environment. *Landscape Ecology* 4 : 109-122.

Bissonette, J. A. (ed.). 1997. *Wildlife and Landscape Ecology : Effects of Pattern and Scale*. Springer-Verlag.

Bolger, D. T., T. A. Scott, and J. R. Rotenberry. 1997. Breeding bird abundance in an urbanizing landscape in coastal southern California. *Conservation Biology* 11 : 406-421.

Caughley, G., and A. Gunn. 1996. *Conservation Biology in Theory and Practice*. Blackwell Science.

Chasko, G. G., and J. E. Gates. 1982. Avian habitat suitability along a transmission-line corridor in an oak-hickory forest region. *Wildlife Monograph* 82 : 1-41.

Church, R. L., D. M. Stoms, and F. W. Davis. 1996. Reserve selection as a maximal covering location problem. *Biological Conservation* 76 : 105-112.

Davidson, C. 1998. Issues in measuring landscape fragmentation. *Wildlife Society Bulletin* 26 : 32-37.

Diefenbach, D. R., L. A. Baker, W. E. James, R. J. Warren, and M. J. Conroy. 1993. Reintroducing bobcats to Cumberland Island, Georgia. *Restoration Ecology* 1 : 241-247.

Downes, S. J., K. A. Handasyde, and M. A. Elgar. 1997. Variation in the use of corridors by introduced and native rodents in south-eastern Australia. *Biological Conservation* 82 : 379-383.

Flather, C. H., K. R. Wilson, D. J. Dean, and W. C. McComb. 1997. Identifying gaps in conservation networks : Of indicators and uncertainty in geographic-based analyses. *Ecological Applications* 7 : 531-542.

Frankel, O. H., and M. E. Soulé. 1981. *Conservation and Evolution*. Cambridge University Press.

George, T. L., and S. Zack. 2001. Spatial and temporal considerations in restoring habitat for wildlife. *Restoration Ecology* 9 : 272-279.

Hass, C. A. 1995. Dispersal and use of corridors by birds in wooded patches on an agricultural landscape. *Conservation Biology* 9 : 845-854.

Hall, L. S., P. R. Krausman, and M. L. Morrison. 1997. The habitat concept and a plea for standard terminology. *Wildlife Society Bulletin* 25 : 173-182.

Herkert, J. R. 1994. The effects of habitat fragmentation on midwestern grassland bird communities. *Ecological Applications* 4 : 461-471.

Hess, G. R. 1994. Conservation corridors and contagious disease : A cautionary note. *Conservation Biology* 8 : 256-262.

Holling, C. S. 1978. *Adaptive Environmental Assessment and Management*. IIASA International Series on Applied Systems Analysis. John Wiley & Sons.

Hutto, R. L. 1985. Habitat selection by nonbreeding, migratory landbirds. Pages 455-476 in M. L. Cody (ed.), *Habitat Selection in Birds*. Academic Press.

Huxel, G. R., and A. Hastings. 1999. Habitat loss, fragmentation, and restoration. *Restoration Ecology* 7 : 309-315.

Johnson, D. H. 1980. The comparison of usage and availability measurements for evaluating resource preference. *Ecology* 61 : 65-71.

Knight, R. L., and J. Y. Kawashima. 1993. Responses of raven and red-tailed hawk populations to linear right-of-ways. *Journal of Wildlife Management* 57 : 266-271.

Landres, P. B., J. Verner, and J. W. Thomas. 1988. Ecological uses of vertebrate indicator species : A critique. *Conservation Biology* 2 : 316-328.

Lindenmayer, D. B., and H. A. Nix. 1993. Ecological principles for the design of wildlife corridors. *Conservation Biology* 7 : 627-630.

Lockwood, M., D. G. Bos, and H. Glazebook. 1997. Integrated protected area selection in Australian biogeographic regions. *Environmental Management* 21 : 395-404.

Loehle, C., and B. Li. 1996. Habitat destruction and the extinction debt revisited. *Ecological Applications* 67 : 784-789.

Marcot, B. G., L. K. Croft, J. F. Lehmkuhl, R. H. Naney, C. G. Niwa, W. R. Owen, and R. E. Sandquist. 1998. Macroecology, paleoecology, and ecological integrity of terrestrial species and communities of the interior Columbia River basin and portions of the Klamath and Great basins. General Technical Report PNW-GTR-410. USDA Forest Service.

Margules, C. R., and M. B. Usher 1981. Criteria used in assessing wildlife conservation potential : A review. *Biological Conservation* 21 : 79-109.

Margules, C. R., A. O. Nicholls, and R. L. Pressey. 1988. Selecting networks of reserves to maximize biological diversity. *Biological Conservation* 43 : 63-76.

Marzluff, J. M., and K. Ewing. 2001. Restoration of fragmented landscapes for the conservation of birds : A general framework and specific recommendations for urbanizing landscapes. *Restoration Ecology* 9 : 280-292.

Mech, S. G., and J. G. Hallett. 2001. Evaluating the effectiveness of corridors : A genetic approach. *Conservation Biology* 15 : 467-474.

Meffe, G. K., and C. R. Carroll. 1997. *Principles of Conservation Biology*. 2nd ed. Sinauer Associates.

Millar, C. I., and W. J. Libby. 1991. Strategies for conserving clinal, ecotypic, and disjunct population diversity in widespread species. Pp. 149-170 in D. A. Falk and K. E. Holsinger (ed.), *Genetics and Conservation of Rare Plants*. Oxford University Press.

Mlandenoff, D. J., T. A. Sickley, and A. P. Wydeven. 1999. Predicting gray wolf landscape recolonization : Logistic regression models versus new field data. *Ecological Applications* 9 : 37-44.

Morrison, M. L., B. G. Marcot, and R. W. Mannan. 1992. *Wildlife-Habitat Relationships : Concepts and Applications*. University of Wisconsin Press.

Morrison, M. L., B. G. Marcot, and R. W. Mannan. 1998. *Wildlife-Habitat Relationships : Concepts and Applications*. 2nd ed. University of Wisconsin Press.

Newmark, W. D. 1986. Mammalian richness, colonization, and extinction in western North American national parks. Ph. D. dissertation, University of Michigan, Ann Arbor.

Noss, R. F., M. A. O'Connell, and D. M. Murphy. 1997. *The Science of Conservation Planning : Habitat Conservation Under the Endangered Species Act*. Island Press.

Orians, G. H. 1993. Endangered at what level? *Ecological Applications* 3 : 206-208.

Pengergast, J. R., R. M. Quinn, and J. H. Lawton. 1999. The gaps between theory and practice in selecting nature reserves. *Conservation Biology* 13 : 484-492.

Pressey, R. L., and R. M. Cowling. 2001. Reserve selection and algorithms and the real world. *Conservation Biology* 15 : 275-277.

Pressey, R. L., and L. Tully. 1994. The cost of ad hoc reservation : A case study in western New South Wales. *Australian Journal of Ecology* 19 : 357-384.

Pressey, R. L., I. R. Johnson, and P. D. Wilson. 1994. Shades of irreplaceability : Towards a measure of the contribution of sites to a reservation goal. *Biodiversity and Conservation* 3 : 242-262.

Roberts, L. 1988. Hard choices ahead on biodiversity. *Science* 241 : 1759-1761.

Robinson, S. K., S. I. Rothstein, M. C. Brittingham, L. J. Petit, and J. A. Grzybowski. 1995. Ecology and behavior of cowbirds and their impact on host populations. Pages 428-460 in T. E. Martin and D. M. Finch (eds.), *Ecology and Management of Neotropical Migratory Birds : A Synthesis and Review of Critical Issues*. Oxford University Press.

Rossi, E., and M. Kuitumen. 1996. Ranking of habitats for the assessment of ecological impact in land use planning. *Biological Conservation* 77 : 227-234.

Ryti, R. T., and M. E. Gilpin. 1987. The comparative analysis of species occurrence patterns on archipelagos. *Oecologia* 73 : 282-287.

Schelhas, J. 1995. Conserving the biological and human benefits of forest remnants in the tropical landscape : Research needs and policy recommendations. Pages 53-56 in J. A. Bissonette and P. R. krausman (eds.), *Integrating People and Wildlife for a Sustainable Future*. Wildlife Society.

Schonwall-Cox, C. M., S .M. Chambers, B. Macbryde, and W. L. Thomas. 1983. *Genetics and Conservation : A Reference for Managing Wild Animal and Plant Populations*. Benjamin/Cummings.

Scott, J. M., F. Davis, B. Csuti, R. F. Noss, B. Butterfield, C. Groves, H. Anderson, S. Caicco, F. D'Erchia, T. C. Edwards, et al. 1993. Gap analysis : A geographic approach to protection of biological diversity. *Wildlife Monographs* 123 : 1-41.

Seabrook, W. A., and E. B. Dettmann. 1996. Roads as activity corridors for cane toads in Australia. *Journal of Wildlife Management* 60 : 363-368.

Simberloff, D., and J. Cox. 1987. Consequences and costs of conservation corridors. *Conservation Biology* 1 : 63-71.

Simberloff, D., J. A. Farr, J. Cox, and D. W. Mehlman. 1992. Movement corridors : Conservation bargains or poor investments? *Conservation Biology* 6 : 493-504.

Soulé, M. E. 1991. Land use planning and wildlife maintenance : Guidelines for conserving in an urban landscape. *Journal of the American Planning Association* 57 : 313-323.

Soulé, M. E., and D. Simberloff. 1986. What do genetics and ecology tell us about the design of nature reserves? *Biological Conservation* 35 : 19-40.

Soulé, M. E., A. C. Alberts, and D. T. Bolger. 1992. The effects of habitat fragmentation on chaparral plants and vertebrates. *Oikos* 63 : 39-47.

Stoner, K. E. 1996. Prevalence and intensity of intestinal parasites in mantled howler monkeys (Alouatta palliata) in northeastern Costa Rica : Implications for conservation biology. *Conservation Biology* 10 : 539-546.

Usher, M. B. 1986. Wildlife Conservation Evaluation. : Chapman & Hall.

Vander Haegen, W. M., and R. M. DeGraaf. 1996. Predation on artificial nests in forested riparian buffer strips. *Journal of Wildlife Management* 60 : 542-550.

Van Vuren, D. 1998. Mammalian dispersal and reserve design. Pages 396-393 in T. Caro (ed.), *Behavioral Ecology and Conservation Biology*. Oxford University Press.

Wallmo, O. C. 1969. Response of deer to alternate-strip clearcutting of lodgc-pole pine and spruce-fir timber in Colorado. Research Note RM-141. USDA Forest Service.

Welsh, H. H. 1990. Relictual amphibians and old-growth forest. *Conservation Biology* 4 : 309-319.

Wiens, J. A. 1989. *The Ecology of Bird Communities*. Vol. 2, *Processes and Variations*. Cambridge University Press.

8. 生息地復元のための野生動物学：総論

　本書の通読によって2つのメッセージに気がつくはずである．1つは，野生動物に関する研究は慎重な計画なしに進めるべきではないということ．もう1つは，全ての研究は統計学を適用して実施すべきであるということである．野生動物の生息地を復元するためには明快なコンセプトが必要であり，それを元にサンプリング方法や研究計画を決めなければならない．私たちは誰でも，ある種のコンセプトの範囲内で何かを実行するのだが，これがきちんと認識されたり，述べられたりすることは稀である．「データはないよりはある方がまし」といった程度で私達の目的は達成されるのだろうか？　かつて存在した植物群落の一部を回復させるだけで，動物群集を復元させることが可能であると考えてよいのだろうか？　競争によって種構成や個体数が決定されると考えられるだろうか？　餌動物の個体数を調べるだけで，実際に利用可能な餌動物の数量を把握することができるだろうか？　コンセプト如何にかかわらず，研究計画の厳密性は結果に大きく作用する．周知のことだが，サンプル数は無視できるものではなく，事業地域における動物の生息の有無・個体数・活動を測るためにはサンプリング方法は1つだけでは十分ではない．

　このように自然復元に関する研究は，明確なコンセプトの下で，第三者に十分に結果の妥当性を納得させる正確さをもっていない限り，取り組むべきではない．個々の自然復元事業は，野生動物の保護と基礎的な動物生態学の進展に貢献する知見をもたらすだろう．それ故に，モニタリングはどの事業においても不可欠な要素となる．

8.1　重要な教訓

　本書の中心的な課題は，動物による生息地利用である．しかし，生息地（habitat）という用語はそれ自体が観念的であるため，本質的な検証ができない．生息地は動物が住む場所のことであると伝統的に理解されているが，実際は，極めて多くの類似した，しかし同一ではない定義を持っているからである．つまり，生息地は，動物とその環境との間の特定の関係を明確にする際に用いる包括的な概念である．

　生息地は，ある期間に，一定の空間的な広がりを持っている．したがって，動物によって占有される物理的な地域は，観察者にとって記述可能である．我々が，通常，カバー，食物，水など生息地の構成物として認識している様々な要因は，この地域の中に含まれる．資源と動物の行動との関係は調べることはできる．観察者が，ある明確に区分された地域を設定せずに生息地の調査をしたり，およその動物の活動に基づいて自身で任意に定めた地域を生息地として描こうとしたりすることはよくある．生息地は植生など様々な資源と環境を測定するために便利な境界である．観察者が任意に境界を設定できることは便利であるが，そ

図 8.1 この写真にみられるハコヤナギのような自生種を，灌木やその他の下層植物（写真右）を考慮せずに復元させると，野生動物にとっての価値が乏しいモノタイプ（単型）の林分になってしまうことがよくある（写真左）．（写真提供：Annalaura Averill Murray and Suellen Lynn）

れらは役に立たないことがある．なぜなら，その中に含まれる資源は，当然ながら，無生物要素に対する反応と，動物による利用の結果，経時的に変化するからである．生息地の空間的広がりと実際の測定精度は，作業者間の意思疎通をスムーズにさせるために決めておかなければならない．生息地を記述するにあたっては，構成要素の動的な性質を考慮すべきである．ミクロハビタット（微小生息地），メソハビタット（中規模生息地），マクロハビタット（大規模生息地）といった用語は，ある動物の生息地が多様であることを示しており，それらは測定可能である．注意すべきことはそれぞれが対象とするものが違うということであり，ミクロハビタットを大縮尺の地図において描写し測定することは技術的にできない．一般的に，マクロハビタットは，林冠カバーや立木密度のような尺度を扱うが，ミクロハビタットは低木の樹幹密度や小石のカバーを扱う．

生息地の質を評価するためには，適切なスケールで個体の生産力と生存力を決定する環境因子を見出すことが必要となる．個体とそれを取り巻く環境との間の相互作用の強さと頻度は，動物の生活能力（生存力や繁殖力）を決定し，それはいわゆるニッチ関係であると考えられている（Morrison and Hall 2002）．このように，動物が活動し，環境の生物的・非生物的特性と相互に影響しあう場所，すなわち生息地の空間的広がりを想定することができる．そして，この範囲内で，観察の空間的・時間的精度を決めることができる．

生息地を調べることで，動物の分布についてより深く理解することができるようになる（図 8.1）．しかし，我々は定着，生存，繁殖を決定する基礎的なメカニズム（餌サイズの変動幅，餌に含まれる栄養，競争的要因）を通常見落としているため，同じ空間に生息する多くの個体群の「生息地」に共通する性質を見出すのに幾度となく失敗している．生息地はそれ自体，ある動物の生態に関する1つの側面について説明をしているに過ぎない．動物の生存や適応度に関するメカニズムを理解するためには，他の概念，特にニッチを引き合いにださなければならない．多くの野生動物の研究でみてきたように（Colloins 1983；Mosher et al. 1986；Morrison et al. 1998 の総説），高質な生息地が意味する物質的な性質は，その地域に住む生物種によって変化する．なぜなら，この用語はメカニズムを量的に表していないからである．むしろ，我々が生息地に関する統計学的モデルを構築することで，これらのメカニズムを最善

な方法で示すことができるようになる．生息地は動物によって利用される物理的範囲を記述するのに便利な概念である．科学者，管理者，そして一般市民との間のコミュニケーションを容易にするために簡単な定義にしておく方がよい．

8.2 自然復元事業計画の展開

　野生動物の復元事業にはトップダウンもしくはボトムアップの取り組みが考えられる．しかし，トップダウンの取り組みが圧倒的に多い．すなわち，望ましい植物群落を想定し，その状態に達するまで計画を進めるのである．それに要する時間は，土壌の状態や植栽されている親木の利用可能な本数や大きさによって大部分が決定される．現実的・予算的な制約のために，植栽や管理を行う植物群落の構成要素には，順位が付けられる．他の構成要素，特に下層植生（同様に草地にも当てはまる）は非常に数が多いものの，あまり着目されない．ここでも同様に，現実的・予算的な観点が，一般的に優先されるからである．ある特定の動物種が自然復元事業の対象にならない限り，野生動物の定着は偶然に任されるのである．

　私はこれらのトップダウンの自然復元事業を批判しているのではない．多くの場合，自然復元へのボトムアップの取り組みが，1つの実現性の高い選択肢であることを提案したい．ボトムアップによる取り組みは，目標とする野生動物種個々の要求に応えていくことになる．そして，自然復元事業が組み立てられる．これは，対象種の資源利用に関する制約（捕食者や競争者）と同様に，個々の種にとって重要な生息地の構成要素に関する知識を必要とする複雑かつ多面的な取り組みであることは明らかである．

　これらは本書の範疇を超えるものだが，生息地利用の多変量解析に関する多くの研究は，複数の種に必要な重要な生息地要素を探るための有効な手段である．例えば，図8.2は，多変量統計学を利用して，生息地内の種の位置付けを描写したものである．それぞれの円は種（もしくは，ある種の性齢構成）を示しており，それぞれの円の大きさは異なる変数の重要度を示している．図8.3は，フィールド研究によって生息地の利用の程度を描いたものである．種によっては生息地利用の幅が狭く示されているが（すなわち，それはスペシャリスト種である），重複している部分は，多くの種が重要な生息地構成要素を共有していることを示している．この図は，有用な多変量解析の典型例である．自然復元事業に応用可能な生息地分析について，Morrison et al（1998）がまとめている．

　生息地の構成要素を揃えるだけでは，ある種がその地域に分布したり，定着し繁殖したりすることを保証するものではない．本書を通して，多くの要因が地域の定着や活動の可能性を制約していることがわかる．個体群構造も地域に定着する能力に影響する．多くの種がメタ個体群構造を持っていることを思い起こしてもらいたい．これは復元事業に取り組む際に考慮すべき重要な観点である．復元事業におけるボトムアップの取り組みに従うだけでは，特定の種のための事業目標に適合するとは限らない．自然復元に着手する前に，景観レベルからの評価が必要である．周辺はどのような状態にあるか？　近隣に潜在的な捕食者，もしくは競争者が存在するか？　外来種が復元事業地域に侵入し，対象とする種の定着を妨げそうか？

　自然復元事業を実施する前に検討しなければならない問題がある．

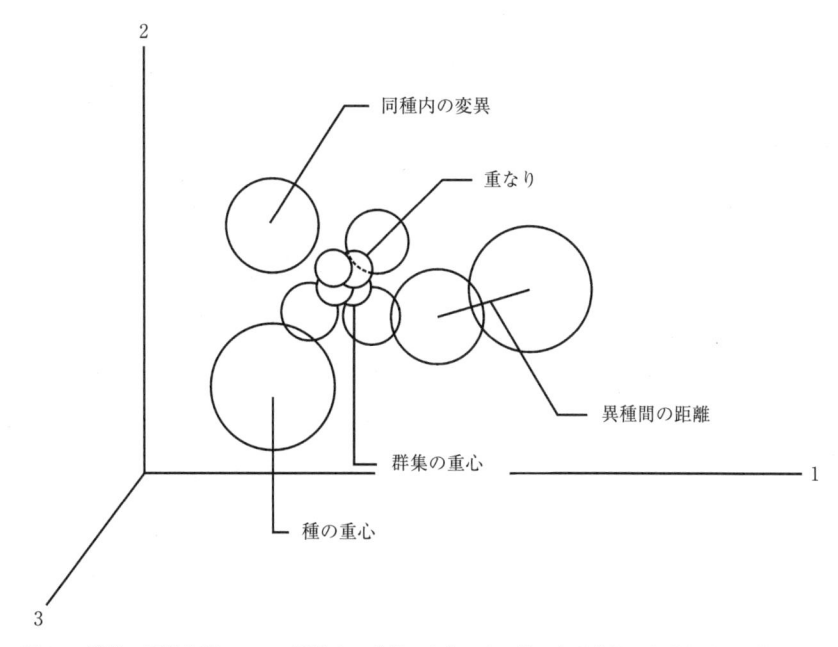

図 8.2 群集の属性空間モデル．属性は，形態，食物，その他の生理学的，行動学的，生態学的なパラメータなどである．群集は，同じような属性を必要とする決まった生物群によるまとまりと，それとは異なる属性を好む生物種によって構成される．後者の種群は定まっていない．
(J.S.Findley and H.Black, "Morphological and Dietary Structuring of Zambian Insectivorous Bat Community," Figure 1. *Ecology* **64**: 625-630. Copyright 1983)

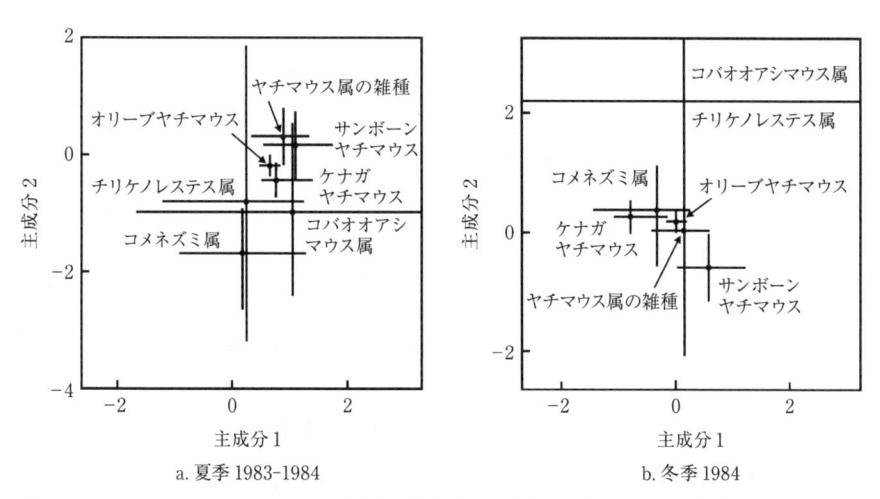

a. 夏季 1983-1984

b. 冬季 1984

図 8.3 チリのラ・ピカダにおける小型哺乳類捕獲調査で生息地変数について主成分分析を行った結果．(a) 夏季の主成分の平均スコア，(b) 1984年冬季の主成分の平均スコア．直線は95％信頼区間．
(D.A.Kelt et al., "Quantitative Habitat Associations of Small Mammals in a Temperate Rainforest in Southern Chile: Empirical Patterns and the Importance of Ecological Scale," Figure 2. *Journal of Mammalogy* **75**: 890-904. Copyright 1994)

● 当該地域における種の定着を可能にする重要な要素が存在するか？ もしなければ，それらを用意できるのか？

● 当該地域は存続可能な個体群を維持するために

十分な広さを有するか？
● 周辺地域（景観レベルの要素）は，深刻な影響（捕食者，競争者，人間の撹乱）を当該地域にもたらすか？
● 当該地域における種の定着と存続を可能にするために，制限要因を短・長期的に管理することができるか？
● 個体群の存続を可能にするために，その地域から別の好適地域へとリンクするコリドーは必要か？

　私の知る限り，計画から実行段階まで一貫して複数の種を対象にしたボトムアップ的取り組みで実施された自然復元事業は存在しない．私たちは，南カリフォルニアの都市公園における自然復元事業を計画するにあたり，両生爬虫類相，鳥類，哺乳類による生息地利用に関するデータを収集した（Morrison et al. 1994a；1994b）．種固有のデータを収集したにもかかわらず，生息地利用の重ね合わせを行わなかった．しかし，その地域での野生動物の復元の成功にむけて，（元来は外来の）捕食者や野生化した動物が果たす役割について議論した．Kus（1998）は，絶滅危惧種のベルモズモドキ（*Vireo bellii pusillus*）のみを復元させる有効な方法を報告している．彼女は，復元地域の植生構造を調査し，ベルモズモドキが自然になわばりを形成している地域の林冠構造と比較した．彼女はまた，定着と営巣に必要な場所（巣や採食地点のような）の特徴を定量化した．このような定量・比較手法は，ある１つの復元地域における複数種の調査に対しても同様に適用される．

8.3　情報の欠落

　それぞれの章で，動物の生態に関する情報の欠落，すなわち厳密な自然復元事業を実行する上での我々の能力の現時点での限界について指摘してきた．以下の項目は，野生動物の生息地を中心に据えた復元事業を進めるにあたっての特に重要な研究テーマである．

● 対象種個体群の実際の生息地の境界を十分に認識する必要がある．この情報は，どのように個体が復元地域に定着するかを理解するために重要な意味を持つ．このように，個体の移出入や分散に関する研究は必要である．
● 同時に，対象種のメタ個体群構造に関する十分な理解が必要である．その地域一帯の動物個体群の構造を熟知していれば，復元事業の成功は保証される．
● 競争者や捕食者が対象種の定着に及ぼす影響を充分に理解しておく必要がある．競争者や捕食者が他種に及ぼす影響について，広範な理論的研究が行われてきたが，それらが特定地域への定着にどのように影響するかに関しては実証的なデータがほとんどない．
● 動物の定着，生存，繁殖の制限要因を特定するために，さらなる取り組みが必要である．それらの要因を考慮して（小規模生息地の変数や，ニッチ関係を含むと考えられる）復元事業の策定を行うことができる．
● ある事業地域における動物の分布や個体数の変遷を扱う仕事はほとんど行われてこなかった．フィールドノート，学術誌，博物館の記録，化石や準化石は，復元事業をデザインするのにはほとんど利用されていない．
● サンプリング活動やその手法が野外調査の結果に及ぼす影響について，特に注意を払う必要がある．希少種と普通種では，通常，異なるサンプリング手法とサンプリング強度が求められ

る.
- 保護区の大きさ,形状,位置が野生動物の定着に与える影響についてより理解する必要がある.今までに提案されてきた保護区デザインに関する多くの概念を支持もしくは批判することができる経験的データはほとんど存在しない.
- 個々の自然復元事業を取り巻く景観（景観マトリクス）が,対象種に及ぼす影響を考慮する必要がある.
- 近年の研究によって,コリドーの機能がきわめて種固有な,そして地域固有なものであることが明らかになっている.コリドーを自然復元事業に取り入れる前に,より経験的なデータが必要である.

さらに,飼育繁殖,再導入,個体の移動に関する技術を進歩させる必要がある.野生個体群の遺伝学は,事業計画や飼育個体群管理の一助となるので十分に研究していく必要がある.野生個体群の遺伝学に関する近年の研究は,亜種名の多くが独立した進化の歴史を示していないことを示唆している.なぜなら,亜種は単一の形質変異を基に,恣意的に区分していることが多いからである.このように,我々が一般的に認識している亜種は,しばしば進化史の歴史を反映しているものではない（Zink et al. 2001）.

8.4　野生動物学者と事業者の協働

共に働いている人々が同じ言語で会話すべきであることは論をまたない.相互の考え方,理論,用語に精通することは,復元生態学者と野生動物学者にとって必要なことである.植生学と動物生態学では「生息地タイプ」という用語が異なる意味で使われている.さらに,ニッチ,群集,植生遷移の進行なども多様な概念を持つ用語である.自然復元は多面的な取り組みであるため,すべての事業者は様々な生態学的分野の知識を持つ必要がある.

多くの復元事業者,特に訓練を積んだ植物学者は,野生動物学者が測定する変数や測定を行う時間的・空間的なスケールに驚いているだろう.Morrison and Hall（2002）が指摘しているように,動物生態学の長い歴史の中で生まれてきた概念でさえ,現在も論争が続いているものすらある.リモートセンシング（遠隔操作）技術やGIS（地理情報システム）ソフトは,野生動物の分布に関するマクロ解析に重要な進展をもたらした.実際に,景観レベルが野生動物保護の上で最も有効なスケールであると断言する事業者もいる

（DeGraaf and Miller 1996）.本書を通じてみてきたように,さらに根本的な論点について野生動物学者が疑念を持っている考え方に対して,私は基本的にくみしない.

そのような見解の相違は,復元事業者が動物生態学の最新の情報に精通していなければならないことを意味している.これらの論争は,頻繁に学会や一流の学術誌の中で議論されている.復元事業者は,野生動物学会（Wildlife Society）や保全生物学学会（Society for Conservation Biology）,アメリカ生態学会（Ecological Society of America）のような組織の会員になってこれらの議論に加わるべきである.自然復元が野生動物保護の中心的な役割を果たすことを認識して,野生動物学会の中に自然復元に関するワーキンググループが設立された.このグループのメンバーは,野生動物とその生息地の復元の問題に焦点を当てた議論を行っている.そのような組織に復元事業者が多く参加することによって,野生動物とその生息地の復元がよりよいものとなるだろう.

ま と め

　この本が野生動物の復元や管理の一助となることが私の望みである．この本に書かれていることは依然として発展途上の段階にあると考えられる．将来的により優れた版にしていきたいので，肯定的な意見であっても，批判であっても歓迎する．そして，新しい，もしくは異なったテーマの追加，用語の修正，適切な文献の追加など，この本の内容を改善することができるものならどういったものでも提案していただきたい．特に，学生からの声を聞きたい（このテーマに関する私の理解と学生の理解が大きく異なることがしばしばあるからである）．

　そして最後に，私は野生動物のための業務や自然復元に懸命に取り組んでいるすべての事業者，管理者，科学者，学生に感謝したい．この本がこうした関係者の議論を促進させ，自然復元という分野の発展に繋がることを期待したい．

引 用 文 献

Collins, S. L. 1983 Geographic variation in habitat structure of the blackthroated green warbler (*Dendrorica virens*). *Auk* **100**：382-389.

DeGraaf, R. M., and R. I. Miller (eds.). 1996. *Conservation of Faunal Diversity in Forested Landscapes*. Chapman & Hall.

Findeley, J. S., and H. Black. 1983. Morphological and dietary structuring of a Zambian insectivorous bat community. *Ecology* **6**：625-630.

Kelt, D. A., P. L. Meserve, and B. K. Lang. 1994. Quantitative habitat associations of small mammals in a temperate rainforest in southern Chile：Empirical patterns and the importance of ecological scale. *Journal of Mammalogy* **75**：890-904.

Kus, B. E. 1998. Use of restored riparian habitat by the endangered least Bell's vireo (*Vireo bellii pusillus*). *Restoration Ecology* **6**：75-82.

Moriison, M. L., and L. S. Hall. 2002. Standard terminology：Toward a common language to advance ecological understanding and application. in J. M. Scott et al.(eds.), *Predicting Species Occurrences：Issues of Scale and Accuracy*. Island Press.

Morrison, M. L., B. G. Marcot, and R. W. Mannan. 1998. *Wildlife-Habitat Relationships：Concepts and Applications*. 2nd ed. University of Wisconsin Press.

Morrison, M. L., T. A. Scott, and T. Tennant. 1994a. Wildlife-habitat restoration in an urban park in southern California. *Restoration Ecology* **2**：17-30.

＿＿＿. 1994b. Laying the foundation for a comprehensive program of restoration for wildlife habitat in a riparian floodplain. *Environmental Management* **18**：939-955.

Mosher, J. A., K. Titus, and M. R. Fuller. 1986. Developing a practical model to predict nesting habitat of woodland hawks. Pages 31-35 in J.Verner, M. L. Morrison, and C. J. Ralph (eds.), *Wildlife 2000：Modeling Habitat Relationships of terrestrial Vertebrates*. University of Wisconsin Press.

Zink, R. M., A. E. Kessen, T. V. Line, and R. C. Blackwell-Rago. 2001. Comparative phylogeography of some aridland bird species. *Condor* **103**：1-10.

索　引

ア 行

アンブレラ種	112
閾	8
移送	21, 22
遺存種	121
遺伝的浮動	16
遺伝的変異	17
インベントリ	71, 85
ヴィカリズム	49
H-D 法	59
SLOSS 問題	109
エッジ効果	76, 118
エラプション	10, 12
追い出し法	96

カ 行

外来種	13, 61
核心地域	120
攪乱カウント	98
かすみ網	95
化石	52
仮説演繹（H-D）法	59
仮親	118
環境収容力	31
感作	83
緩衝地域	120
完新世	49
機会費用	108
疑似相関	83
擬似反復	64
機能的反応	12
ギャップモデル	37
空間スケール	35
クリスマス鳥類個体数調査	50
群葉高多様度	36
群落構造	36
景観	33
景観生態学	33
景観マトリクス	112
系統抽出法	69
血統分析	19
研究設計	60
検出力	66
現存量	31
コア	114
効果性評価モニタリング	74
更新世	49
行動圏	10, 28, 117
コウモリ	97
個体群	6
──統計学	8
──動態	8, 9
──モニタリング	85
固定調査区法	43
孤立集団分割	69
コリドー	114

サ 行

最小存続可能個体数	8
再導入	21, 24
残存パッチ	125
サンプリング	61
──ユニット	72
飼育繁殖・再導入・移送	26
資源	33
──調査	74
──利用	28, 33
──量	31
実験設計	67
指標種	74
集団分割	69
柔軟性	109
馴化	83
準化石	52
準個体群	6
順応的管理	78, 79
じょうご式罠	89
象徴性	108
植生タイプ	48, 87
植物群集	48
植物分類学	36
シンク	9, 113
新熱帯区	11
数的反応	12

生息地	26, 30, 49
──タイプ	30
──適合度指数モデル	37
──の孤立化	120
──の質	31
──の分断化	122
──復元	6
──利用	28, 32, 34
生態学的指標	75
生態学的罠	30
生態型	9
生態系アプローチ	1
生態地域	9
世代時間	8
絶滅確率	121
絶滅危惧種	108
層化抽出法	97
操作実験	67
操作主義	29
創始個体群	124
創始者効果	120
創始者個体群	12
層別化	66
遡及的研究	77
測定実験	67
ソース	113
ゾーニング	120
ソフトリリース	22
存続可能性	8

タ 行

第 1 種の過誤	66
対照区	63
──事前事後影響比較計画	63
対照群	63, 67
代替不可能性	109
第 2 種の過誤	66
卓越風	12
WHR モデル	109
多変量解析	67
単位時間法	88
単純分割	69
単純無作為サンプリング法	68
遅延効果	8
逐次サンプリング	66
超音波探知機	98

調査者信頼度	83	ハードリリース	22	メソハビタット	129
調査集団信頼度	83	ハープ状罠	103, 104	メタ個体群	6, 7, 9, 17, 111
鳥卵学	51	ハンタウイルス	102		
鳥類	90	反復サンプリング	64	モデリング	78
直接観察法	88			モニタリング	59, 71
地理情報システム（GIS）	109	BACI	63	**ヤ　行**	
		避難地域	49, 121		
墜落缶	89	費用便益分析	34	夜間出巣時のカウント	98
				夜間ドライブ法	90
定点観察	82, 93	フィードバック	79	野生動物-生息地相関モデル	37, 109
適応度	5	フィールド・オブ・ドリーム仮説	30		
デーム	6	不均一性	111	有意性	65
		復元事業	5	有効集団サイズ	16
統計分析法	69	復元事業者	9		
淘汰	16	分散	10, 11, 117	要因配置デザイン	63
動物の移動	10	分集団	6	要素	72
トラバサミ	100	分布様式	9	予備研究	61, 82
トランセクト	88			予備調査	78
──法	96	ヘテロ接合性	17	**ラ　行**	
鳥の種多様度	36				
ナ　行		方形区調査	97	ライト効果	16
		捕獲技術	99	ライム病	102
鳴き声トランセクト法	88	補強	108	ライントランセクト法	41, 91
ナショナルオーデュボン協会	41, 50	保護区	107	乱塊法	69
なわばり記図法	82, 90	ボトルネック	14		
		哺乳類	96	リモートセンシング	134
ニッチ	26, 32	ホモ接合性	120	両生爬虫類	87
		マ　行			
年輪年代学的研究	77			歴史的な記録	56
		マクロハビタット	5, 36, 37, 129	レフュジア	49, 121
ハ　行		ミクロハビタット	35, 36, 40, 129	ロードカウント	97
はぐれ個体	95			**ワ　行**	
箱罠	100	無作為サンプリング	68		
はじき罠	100	無反復	69	渡り	10, 11
パッチ	111				

監修者略歴

梶　光一（かじ　こういち）

1953年　東京都に生まれる
1978年　北海道大学農学部林学科卒業
現　在　東京農工大学大学院共生科学技術研究院教授
　　　　農学博士

神崎伸夫（かんざき　のぶお）

1963年　東京都に生まれる
1988年　東京農工大学大学院農学研究科修了
現　在　東京農工大学大学院共生科学技術研究院准教授
　　　　農学博士

生息地復元のための野生動物学　　定価はカバーに表示

2007年9月20日　初版第1刷

監修者　梶　　　光　一
　　　　神　崎　伸　夫
発行者　朝　倉　邦　造
発行所　株式会社　朝倉書店
　　　　東京都新宿区新小川町6-29
　　　　郵便番号　162-8707
　　　　電　話　03(3260)0141
　　　　FAX　03(3260)0180
　　　　http://www.asakura.co.jp

〈検印省略〉

© 2007 〈無断複写・転載を禁ず〉　　教文堂・渡辺製本

ISBN 978-4-254-18029-9　C 3040　　Printed in Japan

最新環境緑化工学

京大 森本幸裕・千葉大 小林達明編著

44026-3　C3061　A5判 244頁 本体3900円

劣化した植生・生態系およびその諸機能を修復・再生させる技術と基礎を平易に解説した教科書。〔内容〕計画論・基礎／緑地の環境機能／緑化・自然再生の調査法と評価法／技術各論（斜面緑化，都市緑化，生態系の再生と管理，乾燥地緑化）

森林フィールドサイエンス

全国大学演習林協議会編

47041-3　C3061　B5判 176頁 本体3800円

大学演習林で行われるフィールドサイエンスの実習，演習のための体系的な教科書。〔内容〕フィールド調査を始める前の情報収集／フィールド調査における調査方法の選択／フィールドサイエンスのためのデータ解析／森林生態圏管理／他

自然環境復元の技術

富士常葉大 杉山恵一・東農大 進士五十八編

10117-1　C3040　B5判 180頁 本体5500円

本書は，身近な自然環境を復元・創出するための論理・計画・手法を豊富な事例とともに示す，実務家向けの指針の書である。〔内容〕自然環境復元の理念と理論／自然環境復元計画論／環境復元のデザインと手法／生き物との共生技術／他

農村自然環境の保全・復元

富士常葉大 杉山恵一・東農大 中川昭一郎編

18017-6　C3040　B5判 200頁 本体5200円

ビオトープづくりや河川の近自然工法など，点と線で始められた復元運動の最終目標である農村環境の全体像に迫る。〔内容〕農村環境の現状と特質／農村自然環境復元の新たな動向／農村自然環境の現状と復元の理論／農村自然環境復元の実例

ＨＥＰ入門
―〈ハビタット評価手続き〉マニュアル―

武蔵工大 田中　章著

18026-8　C3046　A5判 280頁 本体4500円

野生生物の生息環境から複数案を定量評価する手法を平易に解説。〔内容〕HEPの概念と基本的なメカニズム／日本でHEPが適用できる対象／HEP適用のプロセス／米国におけるHEP誕生の背景／日本におけるHEPの展開と可能性／他

世界遺産 屋久島
―亜熱帯の自然と生態系―

東大 大澤雅彦・屋久島環境文化財団 田川日出夫・京大 山極寿一編

18025-1　C3040　B5判 288頁 本体9500円

わが国有数の世界自然遺産として貴重かつ優美な自然を有する屋久島の現状と魅力をヴィジュアルに活写。〔内容〕気象／地質・地形／植物相と植生／動物相と生態／暮らしと植生のかかわり／屋久島の利用と保全／屋久島の人，歴史，未来／他

環境緑化の事典

日本緑化工学会編

18021-3　C3540　B5判 496頁 本体20000円

21世紀は環境の世紀といわれており，急速に悪化している地球環境を改善するために，緑化に期待される役割はきわめて大きい。特に近年，都市の緑化，乾燥地緑化，生態系保存緑化など新たな技術課題が山積しており，それに対する技術の蓄積も大きなものとなっている。本書は，緑化工学に関するすべてを基礎から実際まで必要なデータや事例を用いて詳しく解説する。〔内容〕緑化の機能／植物の生育基盤／都市緑化／環境林緑化／生態系管理修復／熱帯林／緑化における評価法／他

生態影響試験ハンドブック
―化学物質の環境リスク評価―

日本環境毒性学会編

18012-1　C3040　B5判 368頁 本体16000円

化学物質が生態系に及ぼす影響を評価するため用いる各種生物試験について，生物の入手・飼育法や試験法および評価法を解説。OECD準拠試験のみならず，国内の生物種を用いた独自の試験法も数多く掲載。〔内容〕序論／バクテリア／藻類・ウキクサ・陸上植物／動物プランクトン（ワムシ，ミジンコ）／各種無脊椎動物（ヌカエビ，ユスリカ，カゲロウ，イトトンボ，ホタル，二枚貝，ミミズなど）／魚類（メダカ，グッピー，ニジマス）／カエル／ウズラ／試験データの取扱い／付録

自然保護ハンドブック（新装版）

元千葉県立中央博 沼田　眞編

10209-3　C3040　B5判 840頁 本体25000円

自然保護全般に関する最新の知識と情報を盛り込んだ研究者・実務家双方に役立つハンドブック。データを豊富に織込み，あらゆる場面に対応可能。〔内容〕〈基礎〉自然保護とは／天然記念物／自然公園／保全地域／保安林／保護林／保護区／自然遺産／レッドデータ／環境基本法／条約／環境と開発／生態系／自然復元／草地／里山／教育／他〈各論〉森林／草原／砂漠／湖沼／河川／湿原／サンゴ礁／干潟／島嶼／高山域／哺乳類／鳥／両生類・爬虫類／魚類／甲殻類／昆虫／土壌動物／他

上記価格（税別）は2007年8月現在